看板猫の
あの立体図解
いるお店

画・文
一志敦子

Illustrated by Atsuko Isshi

辰巳出版

目次

ゴエモンくん

ラビちゃん

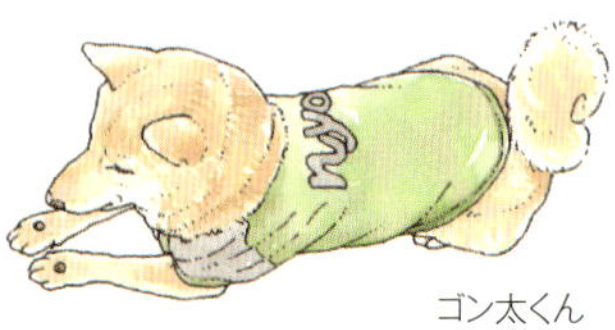

ゴン太くん

銀さん

にゃらちゃん

さくらちゃん

マロちゃん

みーちゃん

チャットくん

はじめに

ふらりと立ち寄ったお店で看板猫に出会うと、思わず心がはずみます。家族の一員としてお店の中を自由に行き来する猫たち。お店の方やお客さんとのふれあいを見ているのも楽しく、その様子を一枚の絵で表現出来たらいいなぁと思ったのがきっかけで、この連載が始まりました。

まず取材のために5日ほどお店に通い、お話を伺いながら資料用の写真を撮り、店内の隅から隅まで寸法を測ります。そのメモをもとに平面図をおこし、壁を立ち上げた図をつくり、写真を見ながら細かいところを描き込んでいきます。

閉店の決まったお店も取材しました。吉祥寺の「カフェ&ジェラート　ドナテロウズ」です。ジェラートなので夏の号に載るようにしようと考えていたのですが、知人からその年の5月に閉店という情報が。「ドナテロウズ」は、猫にも人にもオアシスのような場所。ここを描かなかったらずっと後悔すると思い、店主にお願いしてやらせていただきました。建物の形はすでに何回か行っているのでわ

チャーちゃん

へーちゃん

かっているつもりだったのですが、まっすぐだと思っていた南側の大きなガラス窓が、まん中の壁のところで少し公園側に折れていたのです。最初それがわからず、どうしても平面図が合わない。最後には床タイルとガラス窓の角度を測ってほんの少し公園を取り囲むように曲がっていることがわかりました。公園の緑を生かす設計になっていたのです。測ってみて初めてわかったことでした。

隅から隅まで測ったり写真を撮らせてくださったお店の方々に心から感謝いたします。看板娘や息子のことをうれしそうに饒舌に語っていただいたことにまた感謝です。最初から人なつこい子もいれば、最後までシャーシャーとさわらせてもらえなかった子も。どの子もみんな愛らしく、そしてお店の方々の眼差しのこのうえなく優しいこと。それはそれは楽しくて幸せな時間でした。

最後にいつも的確な判断とアドバイスをくださった「猫びより」編集部の皆さん、山口至剛デザイン室の方々にお礼申し上げます。

2013年4月　一志敦子

新宿 カフェ アルル

オーナーの根本さんと。

東京メトロ丸ノ内線・副都心線・
都営新宿線の新宿三丁目駅から5分。
看板猫ゴエモンくん（♂15才）のいる
「カフェ アルル」があります。
以前、一緒にお店にいた看板犬の
バンビちゃんが散歩に行っている間、
ゴエモンくんがドッグフードをみんな
食べてしまい、空のお皿に ひきちぎった
猫草をのせておいたそう。帰ってきた
バンビちゃんの「…？」という顔が
なんとも言えずかわいかったそうです。

ゴエモンくんがお店に出ている時は、ドアが閉まっています。
ジャズの流れる店内でお客さんが ゆっくり過ごしていきます。

カフェ アルル
住所：東京都新宿区新宿5-10-8
TEL03-3356-0003
営業時間：11:30〜22:00（21:30L.O）
定休日：無休（年始は休みの場合があります）

愛犬ピートくん

先代の看板犬 バンビちゃん

ゴエモンくんの 名刺もあるよ。

メニューの表紙に登場。

1996年9月、オーナーの根本さんが居酒屋さんの前を通りがかった時、パイプシャッターと壁の間に3か月くらいの子猫が入って出られなくなっているのを発見。居酒屋は3連休中。日差しの強い日だったので、オーナーは段ボールで日除けを作り、毎日ごはんと水を運びました。連休が明け、お店が開いたので見に行くと、植え込みに隠れていた子猫がオーナーを見て出てきました。
「うちの子になるかい？」と聞くと「うん」と言ったそうです。

オーナーが学生時代からお金を貯めては買った絵が飾られています。ピカソや藤田嗣治のリトグラフなど。

さり気なくインテリアの一部になっていますが、稼働中の水出しコーヒー器。

オーナーの好きな物「ピエロ・馬・うさぎ」の置物の数々。友人、知人からのプレゼントが多い。最近「猫物」も増えている。

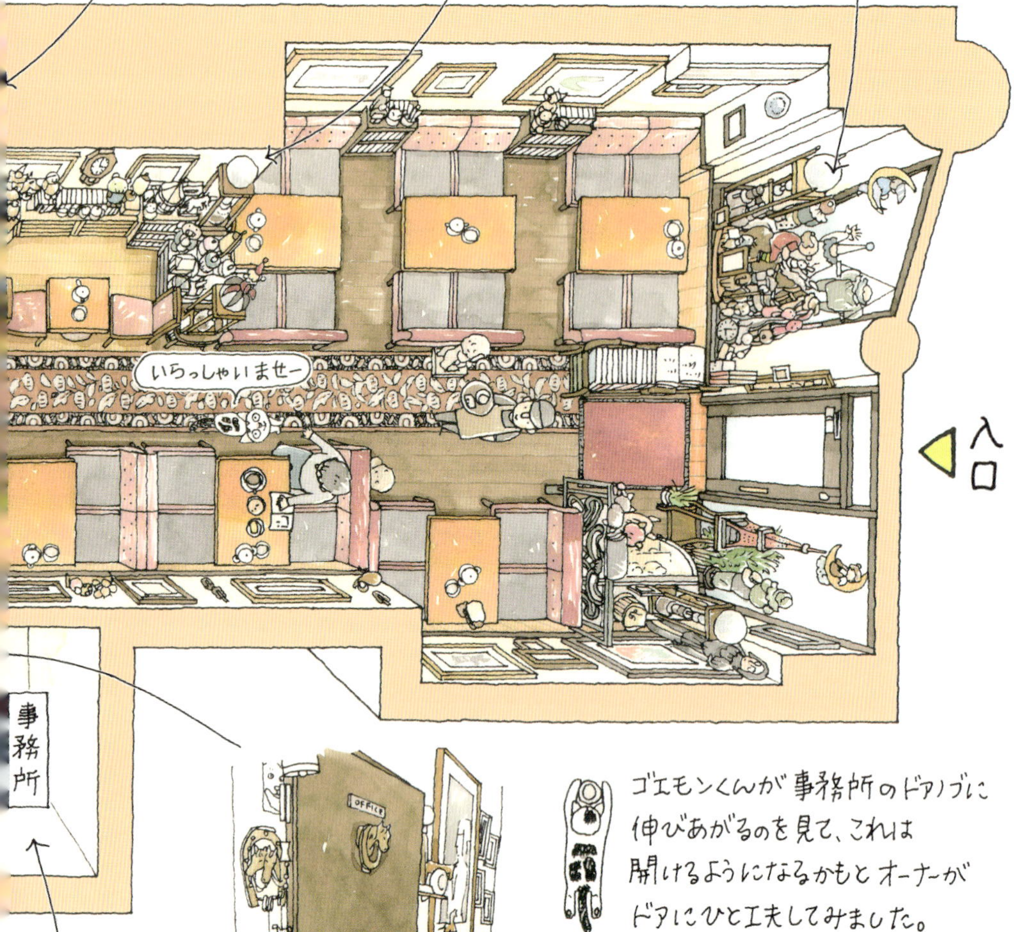

お店が忙しいお昼どき、ゴエモンくんは、トイレと寝床のある事務所に入っています。

ゴエモンくんが事務所のドアノブに伸びあがるのを見て、これは開けるようになるかもとオーナーがドアにひと工夫してみました。

ドアノブに手をかけやすいよう階段をつけ、ドアノブにガムテープを巻いてすべりにくくし、ドアを開けやすくしたのですが、まだ開けたことはありません。

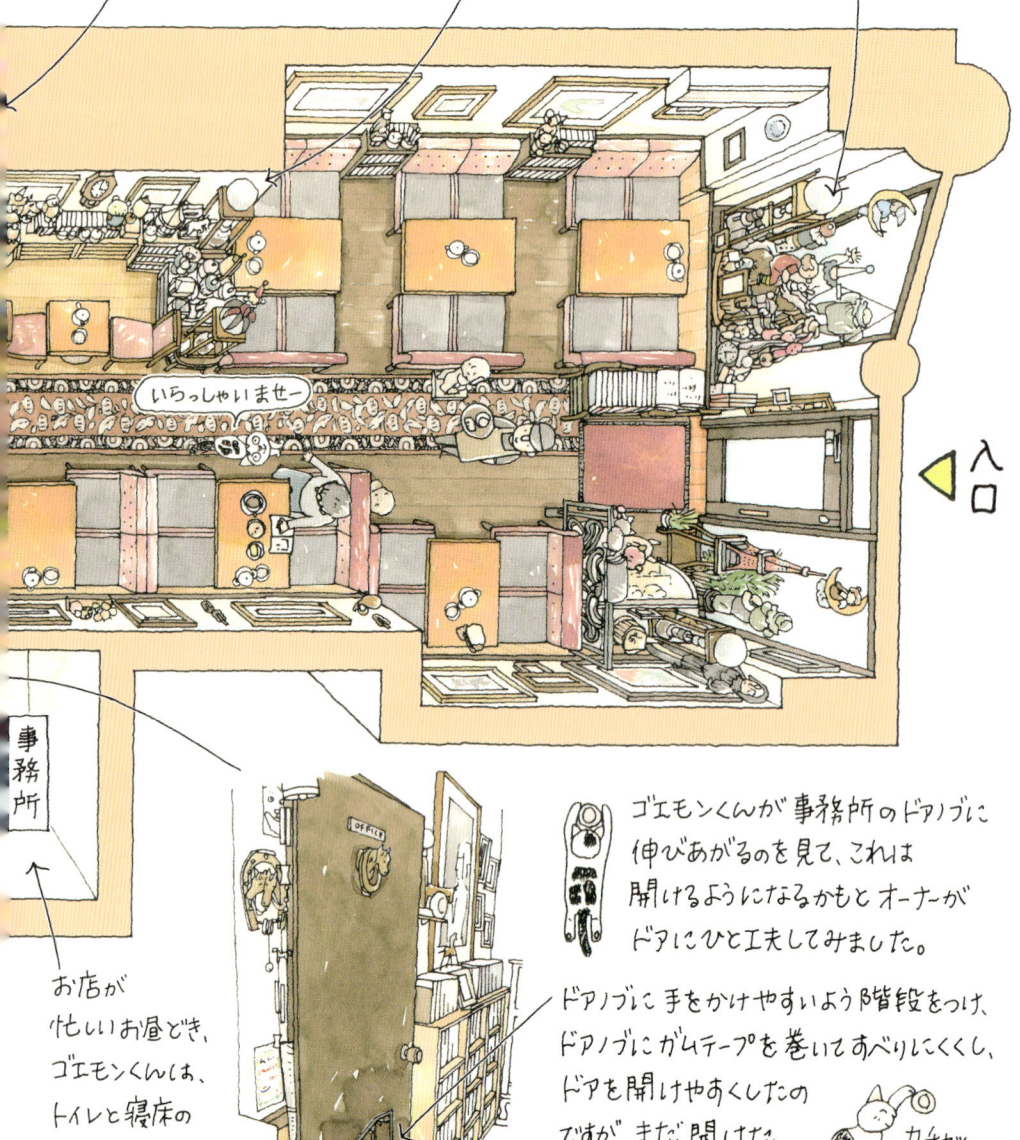

愛犬ピートくんが病気をした時、治りますようにと願いをこめて描いた絵。

つめとぎ板が一応ありますが、ほとんど使われていないようです。

コロコロは常備品。ゴエモンくんのひざのりサービスの後にどうぞ。

椅子の下に収納されているゴエモンくんの食事トレイ。食べる時に出してもらいます。

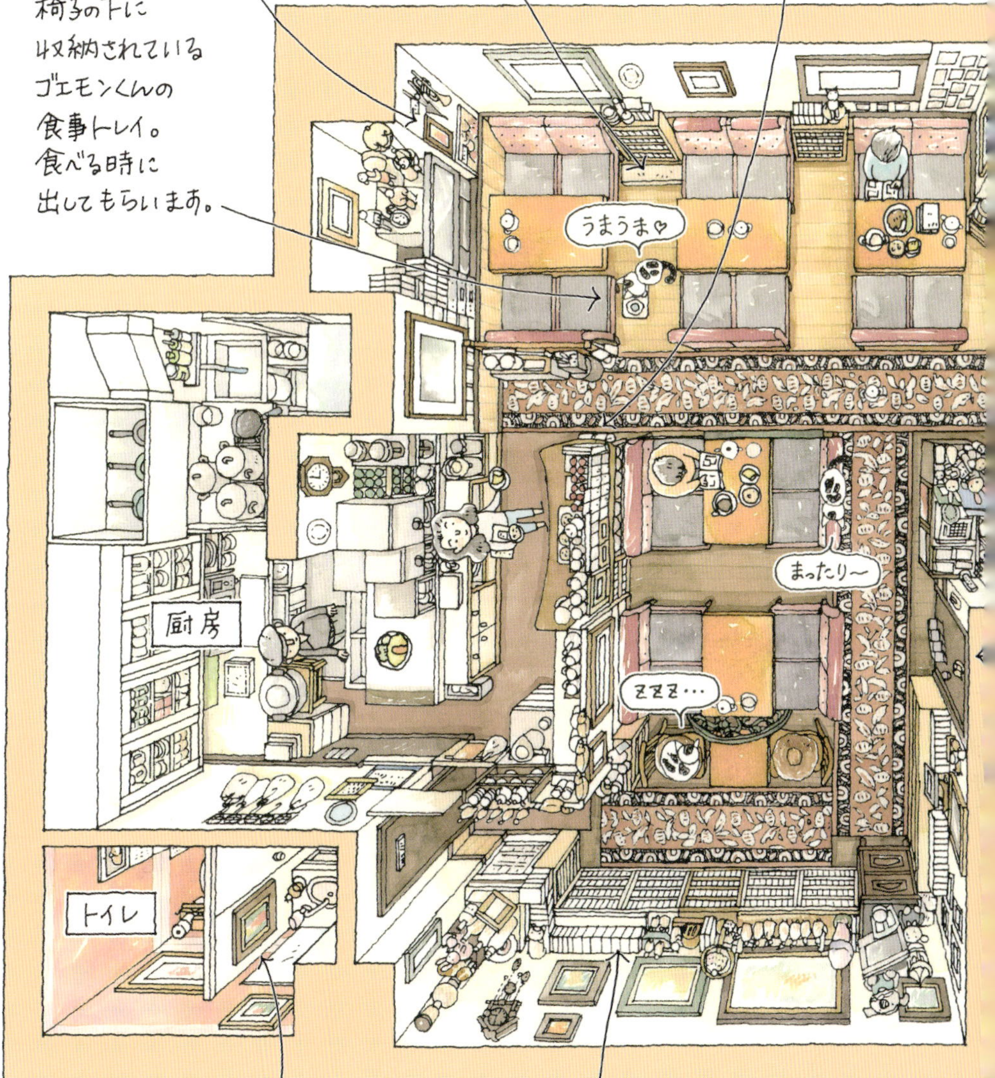

先々代の看板犬タンゴくんが亡くなった後オーナーが描いた絵。タンゴくんが「カフェアルル」を見守っている絵です。

店内には漫画の単行本がいっぱい。33年前の開店当時、どうやってお客さんに安くゆっくりしていってもらうかを考えて置きました。

食事にコーヒー、紅茶を無料でサービスするのも開店と同時に始めたそうです。
今ではどこでもやっていますが、当時は大変めずらしいことでした。

席につくと、健康のために
バナナとジャイアントコーンが出てきます。

アルカリイオン水をボールに
入れてスタンドにセットする。

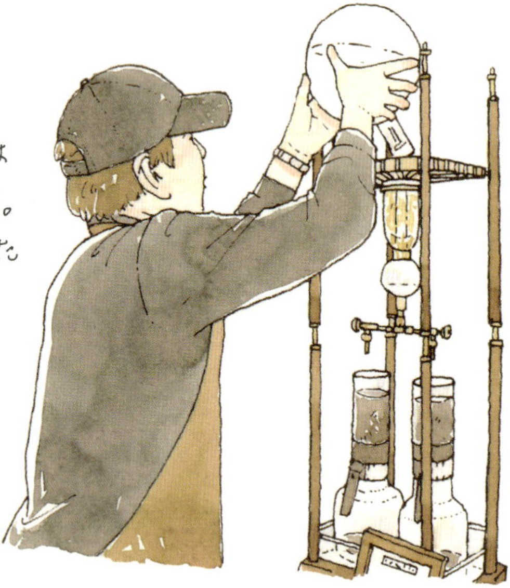

「カフェ アルル」のアイスコーヒーは
こだわりの水出しコーヒーです。
フレンチローストまで深煎りした
コロンビア豆をメインにした
ブレンドを使っています。

温度や湿度、季節によってボールの中の空気が
膨張して水の落ちる速度が変化します。
空調の風向きも考えて、
落とす水の速度を慎重に決めます。
1〜2日かけて抽出し、1〜2日寝かせてから
お客さまに出します。
アイスコーヒーの他にウィンナーコーヒー、
カフェオレにも使われます。

ゴエモンくんの一日

ゴエモンくんはお店に住んでいます。お昼頃は、近所のサラリーマンで社員食堂のように賑わうので事務所の中にいます。忙しくなってきたなとわかると、自分から入っていくそうです。ですから、ゴエモンくんがお店に出るのは、混雑が収まる3時頃から閉店までです。

さあ、今日も一日がんばるぞ
バリバリ…
ソファーの上部がつめとぎされてボロボロになってしまったのでカバーをしています。
ほかにはなんにもいたずらしないんだけど。つめとぎだけだね——
by オーナー

チリン チリン…
あ、お客さまです。いらっしゃいませ

スタッフの食事中、
なにか
もらえるかもと
ぴったり
くっついています。

取材中、カメラを向けると、

仕事はいいのかー

厨房の仕事が
一段落したお兄さんに
遊んでもらう。

お食事中。

食べ終わるとトレイごと
椅子の下に収納。

シャキーン
これでどうでしょう
✧キリッ
と、ポーズを
とってくれます。
えっ…もう1カット
ですか?
でれ〜〜

お向かいの
居酒屋さんで
ごはんをもらっている
外猫の
タキシードくん。

まるでタキシードを
着ているようなので
この名前に。
タッキーと呼ぶ人も。
ゴエモンくんの
ライバル。

ちょっと
肩を怒らせて
威嚇してみる。
でも内心は
ビクビクっぽい。

以前、外に出て戻らないことがあり、1週間後ガリガリになって目もうつろで
帰ってきました。それ以来恐怖感からか外には出ません。
ゴエモンくんがお店に出るとドアを閉めますが、タバコの煙が苦手な
お客さまがいる時はドアを開けるので、その時は念のためリードをします。

5時以降、店内がすいて
静かになるとゴエモンくんも
ひと休み。

その脱力した
姿に誰もが
いやされます。

接客が一段落すると
丸くなって眠ります。

荻窪 ポロン亭

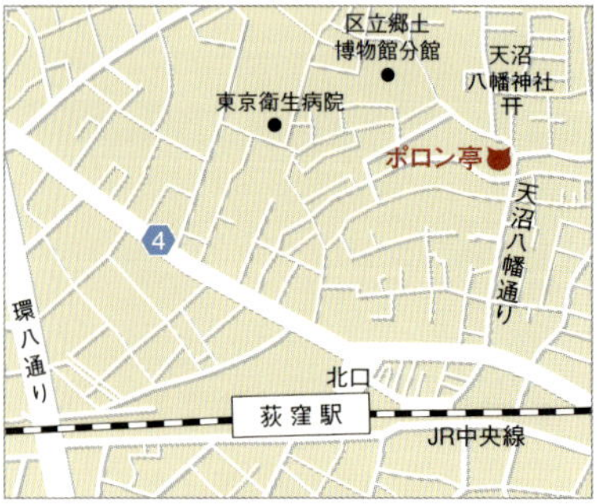

ポロン亭
住所：東京都杉並区天沼3-32-25
TEL03-3392-2495
営業時間：13:00~20:30
定休日：水・土曜

JR中央線・
荻窪駅 北口を出て
天沼八幡通りを歩いて5分、
八幡様が見えると、
その左手に
サイフォン珈琲の店
「ポロン亭」があります。

猫の鉄のオブジェが
ツタの葉に隠れています。

オーナーの洋子さんが
今は亡き伯母さんのみよさんと
一緒に始めて37年。
気がついたらいつも
お店に猫がいました。

現在の看板猫&犬は
キジトラのラビちゃん(♂1才)と
柴犬のブン太くん(♂5才)です。

ラビちゃんは阿佐ヶ谷で拾われました。
ニャーニャー鳴いて道行く人にすがりつくように
していたところを保護され「ポロン亭」で
里親募集することに。その頃、看板猫がいない
時期だったため、お客さんから
「ポロン亭らしくないねぇ」と言われていました。
ブン太くんにもお客さんの連れてくる犬にも
動じないので結局そのまま「ポロン亭」の
子になりました。

その時作ったラビちゃんの里親募集のちらし。→

歴代の猫たちの写真。

店名の由来になったポロン（水差し）。

木の床、腰壁、天井の梁、木の椅子、テーブルなど温か味のあるインテリア。
洋子さんとのおしゃべりも楽しく、
ラビちゃん、ブン太くんの接待に
ついつい長居してしまいます。

ブン太くんに取られないように
ラビちゃんのごはんはカウンターの上。

カリカリにトーストされた天然酵母パンに
バターがしみこんでいる。

トースト400円。

ブルーベリージャムをつけて食べるとうまい!

より目焼き550円。エッグベーカー(卵焼き器)
で作るとふんわりとした焼きあがり。
バターとしょう油でこくのある味わい。

「黄身の目玉がくっついているから
より目だね」と命名。

子猫の里親募集の時期には、逃げられないよう、
窓や入口に網が張られ、まるでお店全体がケージのようになるそうです。

お客さんが持ってきてくれる
ラビちゃんとブン太くんのおやつ。

と、
前足の甲に
おやつをのせる
洋子さん。

「ポロン亭」では、
猫の里親募集やお見合いの
お手伝いをしています。

4年前、「ポロン亭」では
めずらしく犬を預かることに。
その年の11番めに来た子なので
イレブンのブンをとってブン太くんと
名付けられました。

10番めに来た猫のテンちゃんと
大の仲良しで、一緒にもらわれて
くれたらと洋子さんは
思いましたが、
ブン太くんだけ残りました。

「よし！」と言われるまで
じっと耐えるブン太くん。

おやつ →

お店の名前の由来となった素焼きのポロン(水差し)。みよさんがキューバへ砂糖きび刈りのボランティアに行った時に持ち帰りました。

ポロンは砂糖きび刈りの作業中、休憩する時に飲む水を入れる物。

「さぁ、ひと休みしましょう」という意味を込めて「ポロン亭」と名付けました。

砂糖きびを伐採するナイフ。

歴代の猫たちの写真が飾られています。

ココちゃん。かみつき猫だったのに人気者でした。亡くなった時には、お店が花でいっぱいになったそう。

不思議さん。その毛色が不思議な感じだったので。

猫は待てないからねー
すぐでいいのよー

と、ラビちゃんには甘いのだ。

洋子さんの編んだ帽子。
ラビちゃんの寝床。
名前はラビットファーのような
フワフワしたさわり心地から。
冬はストーブが一番さ!

気持ち良くて
ウトウトするブンたくん。

アンモニャイト!
zzz…

サスケくん
チャイくん

2階の自宅には チャイくん(♂2才)と
サスケくん(♂2才)兄弟がいます。

以前はお店にいたのですが
しょっちゅう外に出てしまい、
お店の前の通りで車を止めて
渋滞を起こしたり、
行方不明になったり。しまいには、
チャイくんが前足を骨折して
帰宅する騒ぎに。
それ以来自宅で暮らしています。
すごく仲良しで、いつもべったりくっついています。

びびってフリーズしている
ボストンテリアの
フクちゃん（♂10か月）。

「ポロン亭」の常連となる前、
お店の前でブン太くんに
かまれました。
それ以来 ブン太くんが
怖くて、本当はやんちゃな
フクちゃんなのに
「ポロン亭」に来ると
おとなしく
なってしまいます。

くんくん
いらっしゃ〜い
フクちゃん
好きよ〜

常連さんの飼い犬、
シーズーのファーストくん（♂6才）と一緒に。

ファーストくんは猫の耳をなめるのが
大好き。里親募集の子猫が来ると
一生懸命めんどうをみるそうです。

洋子さんの肩にのるラビちゃん。
新聞を読んでいると必ずじゃましに来るので
「じゃまっ!」と肩にのせていたら
肩のり猫になりました。

お客さんから
おやつをもらう。

抱っこはあまり好きではありませんが、
時々お客さんのひざにのってくれます。

屈託のないやんちゃ盛りのラビちゃん。

ありとあらゆるものが遊び道具。
インテリアの猫のモビールにじゃれるじゃれる。

浅草 ギャラリー・エフ

東京メトロ銀座線・都営浅草線の浅草駅より徒歩1分。浅草の人々に
愛される銀次親分(♂推定7~8才)がいるカフェ「ギャラリー・エフ」。
土蔵ギャラリーを併設するカフェとして15年前にオープンしました。

江戸通りからの眺め。シャッターが下りているのは外の風を入れつつ、
銀さんが外に出ないようにするため。お店が閉まっているわけではありません。

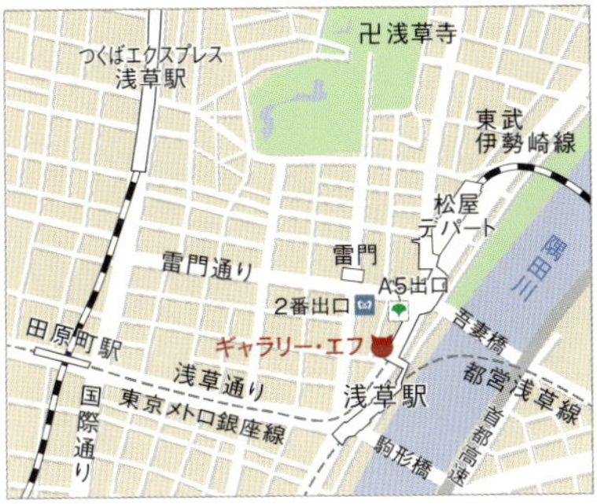
卍浅草寺
つくばエクスプレス
浅草駅
東武
伊勢崎線
松屋
デパート
隅田川
雷門
雷門通り
A5出口
2番出口
吾妻橋
田原町駅
ギャラリー・エフ
浅草通り
浅草駅
都営浅草線
国際通り
東京メトロ銀座線
首都高速
駒形橋

ギャラリー・エフ
住所：東京都台東区雷門2-19-18
TEL03-3841-0442 営業時間：カフェ11:00～19:00 バー18:00～24:00（金～2:00／日～22:00）
ギャラリー12:00～19:00 定休日：火曜（他不定休あり）

うまいっ!
とろとろの
半熟たまごが
のっています。

ランチタイムのドライカレー（サラダ付）840円。
（12:00～14:30、土日は15:00まで）

名前は、ギャラリーのディレクターでもある飼い主・Izumiさんの曽祖父「銀次」さんから。

銀さんは、おととしの夏から夜、
ごはんを食べに来るようになりました。
あまりにボロボロで汚かったので、他の野良猫にも
嫌われ、その年の11月、保健所に通報されそうになったところを保護しました。

HAPPY HOUR
18:00-21:00 on weekdays 平日のみ
フードをご注文いただくと
ドリンクが30~50%OFF!!
今夜はみんなで飲んで食べるぞ!
おなかすいた!
の方にお得!
50%OFF! → 40%OFF! → 30%OFF!
ラストオーダー20:30

営業中
シャッターは閉まってるけどお店は開いてるよー

ポスターにも銀さん登場。

去勢手術のため行った病院で、
FIV（ネコ免疫不全ウィルス感染症）
キャリアであることがわかりました。
腎臓も悪かったので
外にはもどせないと
「ギャラリー・エフ」の子になりました。
今は治療と看護のかいあって、
とても元気です。

江戸から明治にかけて、このあたりは隅田川を利用して
木材を運ぶ材木問屋が並び、材木町と呼ばれていました。
そんな材木店の屋敷の内蔵として慶応4年（1868年）に
建てられました。その後、関東大震災、東京大空襲に耐え、
1997年ギャラリーとしてオープン。絵画・立体・音楽など
様々なジャンルのアーティストの表現の場になっています。

蔵に入ろうと入口の砂利を踏むと
その音を聞いた銀さんが飛んできます。

暑くなるとゴロン。
「オレをまたげるもんならまたいでみな」

銀さんのシルバーシート。
寒い日はここで
丸くなっています。

蔵に行くための裏路地のイメージで作られたカフェ部分。
蔵の古さに合わせて、壁は土にわらを混ぜ、家具は英国の
アンティークで揃えました。椅子は、教会で使われていたもの。

土蔵ギャラリー2階

土蔵ギャラリー1階

漆塗りの黒い床、ヒノキの柱、しっくいの壁、
中に入るとひんやりします。

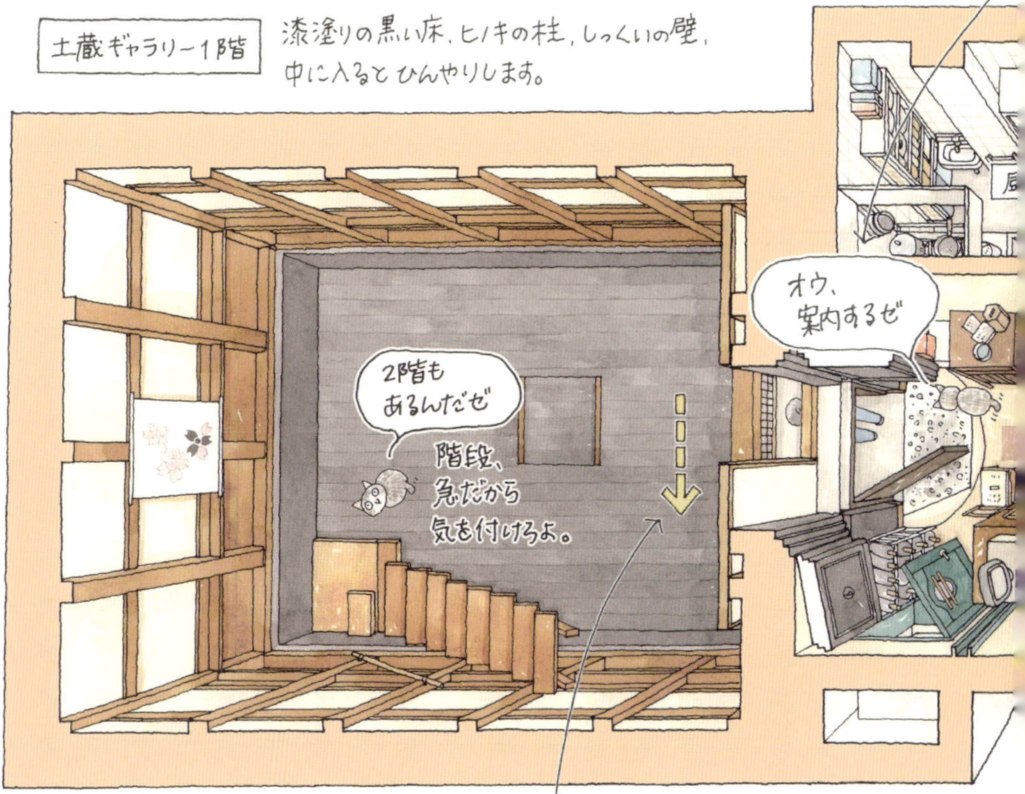

ギャラリーの展示によっては、この引戸を開け、カフェから蔵の中を見られるようにします。

去年の1月から
お店に出るようになりました。
最初は、お店の2階で寝泊まりしていましたが、東日本大震災後、
定休日にひとりにするのが心配で
月曜日の夜、Izumiさんの自宅へ
一緒に帰ります。
水曜日はお昼頃出勤
してきます。

お店に来るとまずは身づくろい。
身だしなみを整えてお客様を迎えます。

銀さんは
静かな男性が好き。
夜のバータイム、窓際の席で
1人お酒を飲む男性の
前の席にちょこんと座り、
お相手していることも
あるそうです。

とってもさみしがり屋の
銀さんは人が大好きで
くっついてばかり
だけれど抱っこは
苦手です。

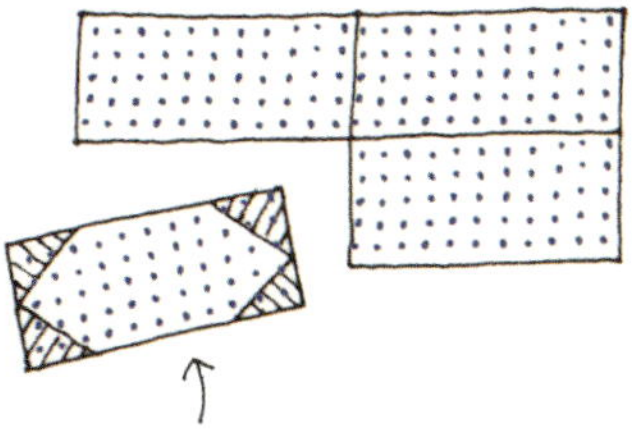

銀さんの首巻きは手ぬぐいを
裂いて作っています。
一張羅は名古屋の
老舗染め屋さんの豆絞り。

手ぬぐいを1/4に裂いて 端を三角に切り落とし、
結び目がゴツゴツしないように。
床でゴロンゴロンするので10日くらいで取り替えています。

「ギャラリー・エフ」の子に
なるためにした
最初の約束
"お店の子として、
いい子にしていること"
を守るその姿に、
「仁義すら感じる」
というIzumiさん。
ボロボロで、汚かった子が
今では愛らしく
立派になって、
大切な家族であり
なくてはならない
スタッフです。

外の方にもサービス。

銀さんのつめとぎは、元・花台。

銀さんは
口内炎がひどく
歯を全て抜きました。
病院から帰ると
ひきこもり、
Izumiさんでも
近寄れませんでした。
抜歯は銀さんの
プライドを傷つけたのでは
ないかとIzumiさんは思っています。
「あっ歯がないや」と気が付いた時の
彼の複雑な表情が忘れられないそう。

だから、かまれた時は必ず「痛いよ痛いよ銀さん」と
歯がある時と同じ対応をするそうです。

Izumiさんのことが
大好きな銀さん。
後をくっついて
離れません。
用事で2階へ行くと
下からじっと
2階を見ています。

「ねこしゃんはいましゅかー」と訪ねてきてくれた
小さなお客様に、
2階でお昼寝している
銀さんの写真を
撮ってきて見せる。

今日はよく働いて
今ね、お昼寝しているの

「ほら、お昼には
こんなに接客していたのよ」と
お昼に撮った写真も見ながら
会話が弾みます。

蔵に入ると
一目散に走ってきて
中を案内して
くれます。
今回の取材でも
蔵計測中に…

なんじゃ？
こりゃ？

メジャーです。
親分！

しっかり
仕事
してっか？

と、厳しく
ゲキが飛びます。

またな！

愛情あふれる銀次親分の写真がいっぱい。
「浅草・銀次親分日記」はこちら。→ http://ginji1124.exblog.jp

赤坂 カリーニ

赤坂TBS裏の円通寺坂を赤坂見附方面へちょっと下るとほのかにカレーの匂いが漂ってきます。匂いの先にはロシアンブルーの看板猫にゃらちゃん（♂ 8才）がいるカレー屋「カリーニ」があります。当初は自宅で留守番していたにゃらちゃん。オーナーの小野さんは、にゃらちゃんと一緒にいる時間があまりに少ないのがさみしくて、4年前 お店に連れてきました。最初は大きなケージに入れて冷蔵庫の脇に。1年ほどしたある晩、お店に にゃらちゃんを出してみると、お客さんもにゃらちゃんも意外と平気。にゃらちゃんのいる場所をきちんと作れば大丈夫だろうと、お店に出すことにしたそうです。

お店の名前は、友だちとの会話の中で決まったそうです。

小野さん「お店の名前を決めなきゃ…」

友だち「じゃあ、仮につけといたら？」

小野さん「そうねえ、仮に、かりに…カリーニ…」

青山通り
東京メトロ銀座線・半蔵門線
赤坂見附駅
東京メトロ丸ノ内線
東京メトロ銀座線
246
円通寺坂
赤坂サカス
カリーニ
卍円通寺
TBS
赤坂駅
東京メトロ千代田線
413

カリーニ
住所：東京都港区赤坂5-2-40
TEL03-3589-1895
営業時間：11:30〜16:00
定休日：土・日曜・祝日

デレデレ…
にゃら——
500g 太ったね ——

にゃらちゃんは抱っこが大好き。
毎日抱っこしているから、
体重がだいたいわかるそうです。

僕がにゃらですが
それがにゃにか？
キリッ！

にゃらちゃんは我が道を行く猫。
常連さんでも自分が気に入った人にしか
なでさせてくれません。

OPEN

にゃらちゃんが
お店デビューする時
小野さんが描いた看板。
「猫がいますよ」と
お知らせする意味も
込めました。

壁の穴には
好きな物、木の実や
小石など、その時
拾った季節のものを
つめたりしています。

小野さん手作りの
収納付き腰掛け。
中には、にゃらちゃんの
ベッド用の布団が
入っています。

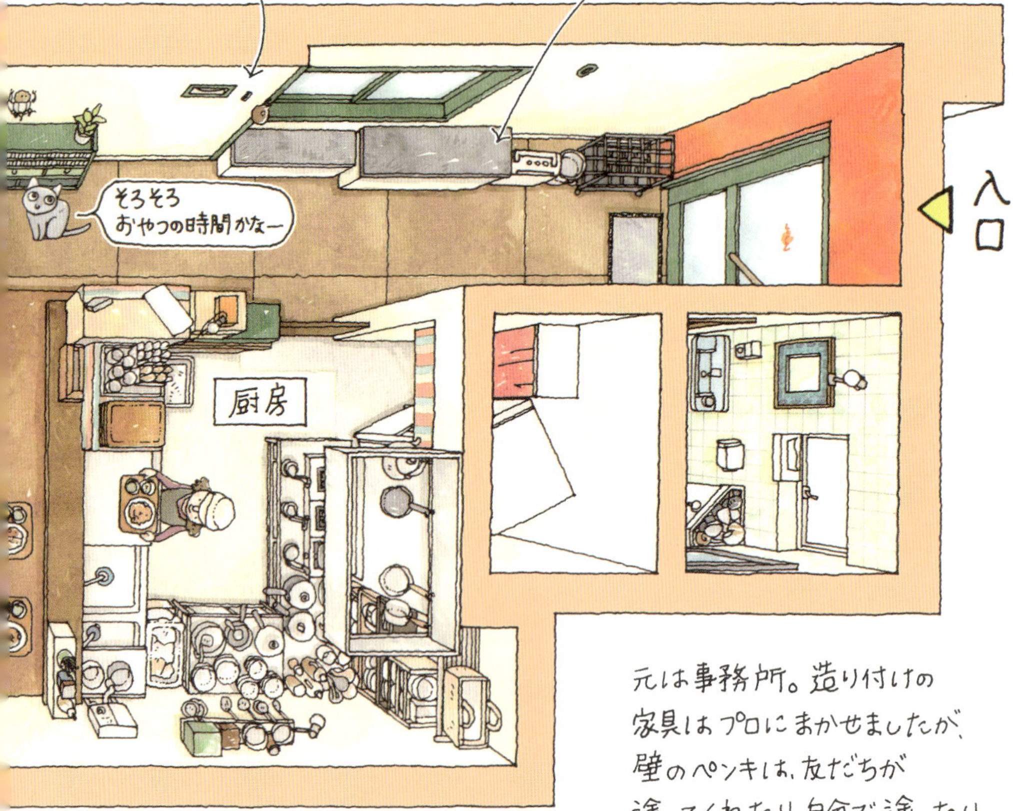
そろそろ
おやつの時間かなー
厨房
入口

元は事務所。造り付けの
家具はプロにまかせましたが、
壁のペンキは、友だちが
塗ってくれたり、自分で塗ったり。

店内に流れている音楽は、
のんびりとしたアフリカや
キューバなどのワールドミュージック。

にゃらちゃんの写真がいっぱい。
小野さんに見せる表情は
愛嬌たっぷり。

20代の頃、
4か月旅した
インド・ネパールで
唯一買った
お土産の象。

夏は庭にゴーヤの棚を作り、ゴーヤ定食を
出します。注文を受けると庭から
ゴーヤをもいできて、料理します。

日替わりメニューは黒板を見てね。

お気に入りー
ウニャッ
ウニャッ
ZZZ…
ZZZ…

庭には、スズメ、ムクドリ、
ジュウシマツなどがやって
来ます。エサは玄米の
残りで硬くなったもの。
エサをあげないと、窓ガラスの
ところまでやって来て「ごはんまだー」
と催促。にゃらちゃんが、窓の向こう
にいてもまったく気にしないそうです。

夏は庭のテーブルに
布団を出してもらってのびのび。

にゃらちゃん
ハウス。

鳥が来ると声が
枯れそうになるくらい
ウニャウニャ反応する
にゃらちゃん。

猫と一緒に暮らすのは初めてという小野さん。
にゃらちゃんの仕草がかわいくて仕方ないそうです。

にゃらちゃんを見ていると、
時間がたつのが
あっという間なの
にゃらちゃんの
腹時計は正確。
おやつの時間ですよ──

いろいろやってみたけど、
このくらいの高さが
ちょうどいいみたい
にゃらちゃんが
食べやすい高さに調整。

にゃらちゃんハウス

もともとはオーディオ用の棚だったところに寝床を作りました。

手を出すとシャーシャー言うけれど決して人が嫌いなわけでなく、お客さんがたくさんいてもここで寝ています。

本来は猫が入って遊ぶ袋。冬は湯たんぽを入れます。

冬は保温マットの上に毛布。夏はアイスノンや冷却マット、保冷剤を入れます。

ファッショナブルなにゃらちゃん。これは冬のファッション。小野さんの友だちが編んでくれたマフラーをしています。他にも、パンダナやベルギー王室御用達チョコのリボンなど物持ちです。

下段にトイレとつめとぎ板が収納されています。

最近は、オーディオのデッキを上に置きトイレができるようにしました。

今まで800人くらいのお客さんが来てにゃらちゃんをなでられたのは10人くらい。性別、声の高い低い、体格は関係なく、のんびりとしたおとなしい人が好き。

ごあいさつしようとちょっと近づくと…

よるな…

お客さんが一段落すると寝床から出てくるので、大好きなつめとぎ板を出してもらいます。

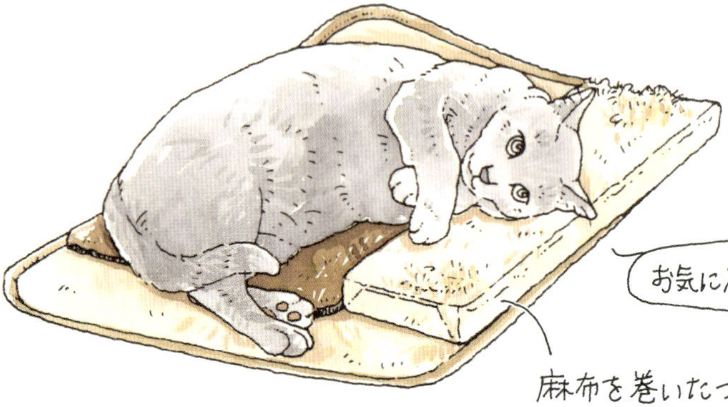
お気に入りなんだよ
麻布を巻いたつめとぎ板。

にゃらちゃんの得意技は、死にかけたセミを転がして遊ぶこと。ところが最期の力をふりしぼってセミがジジッと鳴くと、あわてふためいて逃げる小心者だったりします。

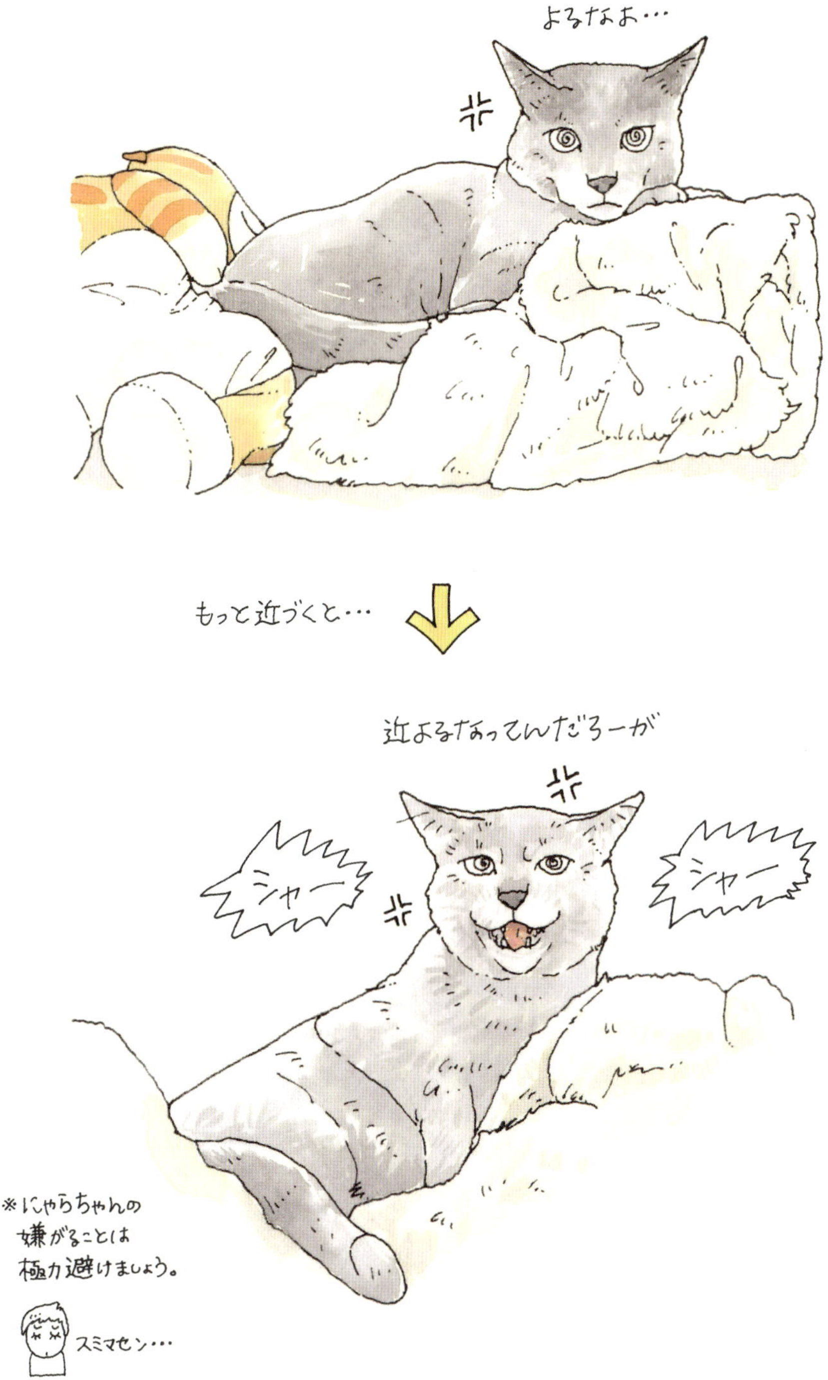
よるなよ…
もっと近づくと…
近よるなってんだろーが
シャー
シャー
※にゃらちゃんの
嫌がることは
極力避けましょう。
スミマセン…

夜は 椅子を組み合わせて
ベッドを作ってもらいます。

おなかをなでてもらって ご満悦のにゃらちゃん。

小野さんがカレー屋を開くにあたりいろいろなお店のカレーを食べてみたところ胃がもたれてしまいました。自分と同じように油でもたれる人がいるんじゃないかと、油をなるべく使わない工夫をしました。

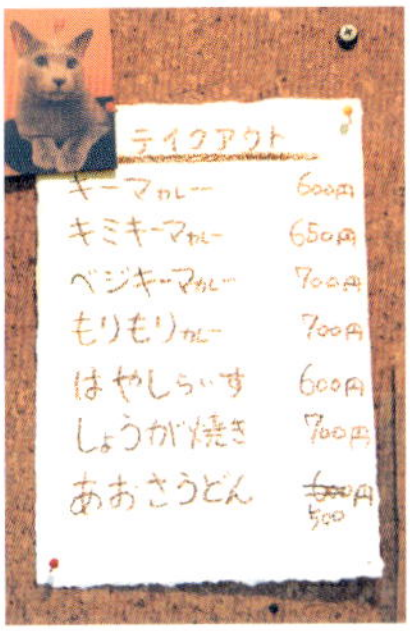
テイクアウト
キーマカレー 600円
キミキーマカレー 650円
ベジキーマカレー 700円
もりもりカレー 700円
はやしらいす 600円
しょうが焼き 700円
あおさうどん 600円 500

ごはんは玄米。
よくかんでね。

豚肉から出る
油のみで調理。
おなかに優しい
カレーです。

※テイクアウトも
あります。
各品300円引き。

キミキ〜マカレー950円。
キーマカレーの上に黄身がぽとり。サラダとスープは日替わり。

常連さんと仲良く一緒に。

カレー
おいしかったですか〜♪

うらやまし〜

取材中 逃げられて→
一度もさわらせてもらえませんでした〜〜

浅草橋

ディスプレイ・装飾用品 丸正

季節の造花が
飾られる楽しい入口。

入口の吹き抜けには、商店街の七夕まつりなどで
飾られる吹き流しがたくさん吊られています!!
きれい〜〜!!
商店街のディスプレイはここで買えるわけです。

ディスプレイ・装飾用品 **丸正**
住所:東京都台東区浅草橋2-1-10 TEL 03-3861-3187
営業時間:9:00～19:00 定休日:日曜・祝日
※一般の方も購入できます。

古くから問屋街として有名な浅草橋。商業施設から商店街まで、ディスプレイ・イベント装飾を手がける「丸正」は、昭和2年に蔵前で創業しました。店内には造花と装飾用品が揃っています。かわいい小物もいろいろあって楽しいお店には、看板猫のマロちゃん（♀4才）がいます。栃木にある工場のネズミ対策のために猫を飼うことに。その時もらった5匹の子猫のうちの1匹。生後半年くらいで浅草橋にやってきました。当時、お店には、やはりネズミ対策で保健所からもらったはなちゃん（♀三毛）がいました。

1本ものの造花を「スプレー」、何本かまとまった造花を「ブッシュ」というそうです。

つる状の飾り「ガーランド」。

アレンジの造花。

観葉植物
2階
さっ
ごはん ごはん
キラキラの
モール類
ガーランド

お水はやっぱり
蛇口からのが
一番おいしいの

とスタッフに催促して
水を出してもらうマロちゃん。

店内のディスプレイは季節を1〜2か月先取りします。6月の取材時は、
七夕の吹き流しやひまわり、夏の装飾品でいっぱい。

1階
ここが
つめとぎ場所
なんです
なんでも
聞いてくださいね
いらっしゃいませー
入口

フェイクの果物や野菜も
いっぱいあります。

商店街の催事で使うボンボリや
提灯、抽選のガラガラまであります。

ゆっくり寝たい時は この箱にもぐり込みます。

蛇口からの
お水っておいしいのよ
お水
出して
くださいねー
とドアの前で
催促。
お水が
ほしいん
ですがー

おっ
べっぴんさんだねぇ
マロと
いいます

よくお店の入口に出てきて通りがかりの人たちにかわいがられています。

抱っこ好きなんですねとお聞きすると

いやー
そんなことないんですよ。
しっぽがもう機嫌悪そう
ですからねぇー

とスタッフのお姉さん。

丸正のスタッフの皆さん、とても猫好き。

採用面接の時、
「うちには猫のマロがいます」
と伝えますので、
猫好きが集まるんですよ

スタッフの
岡本さん。

いらっしゃいませー
ささっ お店の中へどうぞ

先代の看板猫はなちゃんに 接客業を
たたき込まれた(?)マロちゃん。だれにも親切丁寧です。

はい、
お客様 おふたり
お見えですよー

デスクワークもお手伝いします。
マウスは使えませんが、捕まえるのは得意です。

見守りも
仕事のうち。
お仕事がんばってくださいね
かご大好き。

休憩
入りまーす

仕事が
一段落すると…

3階へ。

トイレ
うまうま

3階の事務所には
マロちゃん用のトイレと
ごはん処があります。

さっ
お仕事 お仕事！

ごはんを食べ終わると
休むこともなく1階へ。

街で気になる
ディスプレイを
見つけたら、お店に
遊びに来てみてね！

9月末からは、クリスマス用品が飾られます。
ツリーやオーナメント、電飾など、それだけで
カタログが1冊できてしまうほどの品揃えです。

近所には…

人形と花火
「マルエ人形」の2代目
チョビさん（♀13才）。
母猫とはぐれて
魚屋さんの裏で鳴いて
いたところを
保護されました。

お店での
チョビさんの寝床。

国産の線香花火。
10本入り500円。

「松葉」が
大きくて美しいのよ
とお母さん。

「花火の中に猫がいる!」と
お客さんがびっくりしないよう貼り紙。

隅田川テラスに出ると
目の前にスカイツリーが!!

南千住 喫茶リオ

喫茶リオ
住所：東京都荒川区南千住6-61-8
TEL03-3806-6394
営業時間：9:00〜19:00（18:30L.O）
※ランチタイムは11:00〜19:00　定休日：日曜

JR常磐線・
つくばエクスプレス・東京メトロ
日比谷線の南千住駅から
ゆっくり歩いて10分。
千住大橋と素盞雄《すさのお》神社
の中間にある「喫茶リオ」。
前身は八百屋さんで
昭和55年、
喫茶店になりました。

猫嫌いだったのに、ネズミ対策で猫を飼うことにした
マスターとママさん。ところが飼ってみたら
「なんてかわいい！」とメロメロ。

看板娘のさくらちゃん（♀8才）は2代目。橋むこうの
喫茶店に通う雌猫が育児放棄した子猫を
もらいました。生後3日めの子猫をマスターが
哺乳瓶でミルクを飲ませ
育てあげました。

だからさくらちゃんはマスターが大好き。

さくらちゃんのお気に入りの場所は、お店の奥。暑い日でも風通しが良いので
快適です。2年くらい前までは、お母さんの「いらっしゃいませー」の声がすると、
「私がお客さまにごあいさつするの——」とばかりにお店にすっ飛んできた
さくらちゃんも、今は寝ていることが多くなりました。昼寝や見まわりのあと
3時半くらいから、夕方来る常連さんをお迎えするためにスタンバイします。
お客さんで混み合うお昼時より、夕方の方がさくらちゃんに会えます。

千葉県産
長生じゃが
千葉県産

外の偵察に。

家のまわりに他の猫は
近寄らせません。

マスターが新聞を読もうとすると
じゃまするさくらちゃん。

お客さんに
ごあいさつに行きます。

お元気でしたか？
トイレ
いらっしゃいませー
さくらちゃん、ごはんが来たらどうするの？
はーい

入口

週に一度マスターが詩吟のおけいこに行くと、
帰ってくるまでこの席で待っています。

いらっしゃいませー

お客さんが来ると
やっぱりそわそわします。

さくらちゃん専用のお皿は
かわいいうさぎの絵。

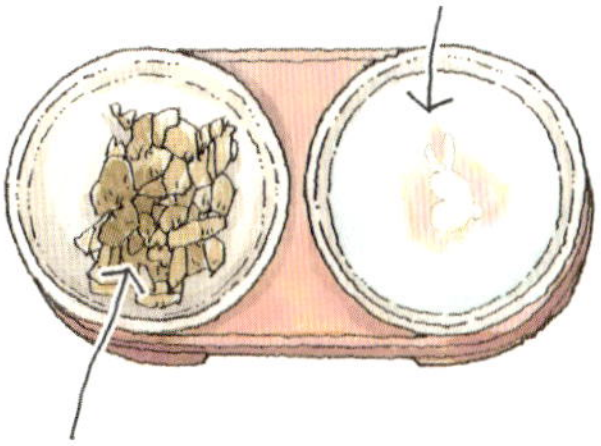

さくらちゃんの大好物
「さばの味噌煮」。
塩分は肝臓によくないので、
ママさんがよく洗ってからほぐし
てくれます。「おもしろいねー。
お刺身もアジもサンマも食べない
んだよ」とマスター。2階には
カリカリが置かれています。

さっ
見まわり!
厨房

さくらちゃんの昼間の寝床。夜は2階でマスターと一緒に寝ます。

実は、壁のよしずも
柱のビニールクロスも
さくらちゃんの
つめとぎ跡を
隠すためのもの
だそうです。

小さい頃は
お客さまが来ると
うれしくてうれしくて
壁や柱を
よじ登っちゃったのよ

と、柱についたさくらちゃんの
ひっかき傷を指すママさん。

―― よしずやポスターのすき間を
見つけてはつめとぎ。

さくらちゃん!
ダメよ〜〜〜

ママさんの言うことは聞いてくれません。
ごはんが欲しい時だけ甘えてくるそうです。

お客さんの
荷物をチェック。

お客さんの膝に乗って
ごあいさつしていた
さくらちゃんに、
ママさんが ごはんを運んできて
「さくらちゃん、ごはんが来たら
どうするの？」と言うと、
さっと横に降りるそうです。

冬などは、お客さんのコートや
かばんの上で寝てしまい、
「起こすのはかわいそうだから、
かばん置いていきますよ。
また明日も来ますから」と
帰っていくお客さんも
いたそうです。

喫茶店なのにこの定食の充実ぶり！

茄子の味噌炒め、うまいのよ〜〜

おさしみ定食
ライス、味そ汁、はわ
大鉢、天ぷら、コーヒー付
九〇〇円
鉄火丼
大鉢、天ぷら、けぬ
みそ汁、コーヒー付
八〇〇円
ライス、味そ汁、コーヒー付
750
・茄子のみそ炒めと
メンチの盛合せ
・親子丼
・鮭
・ビーフカレー
・さんまの開き
各ライス、味そ汁
コーヒー付800
・ロース生姜焼
・豚のバラ肉焼
・ハンバーグ
・とりの唐揚げ
・チキンカツ
・チキンソテー
・肉天
・豚かつ
各小鉢、漬物
コーヒー付750
肉うどん
焼うどん
親子丼
・梅ジュース（当店特製）450
・オレンジジュース… 450
・レモンジュース… 450
・トマトジュース… 450
・コカコーラ… 450
・クリームソーダ… 550
・コーヒーフロート… 550
・オレンジフロート… 550
ナポリタン
生野菜、コーヒー付
750
おしるこ…500
おぞう煮…500
コーヒー 200円
各ライス 味そ汁
コーヒー付750
カレーライス
さばのみそ煮
コロッケ
メンチ
鮭
さんまの開き
山かけ

おやつがわりのおぞう煮は、おもちと小松菜などの青味入。お正月の1月、2月には、ごぼう、人参、鳥肉などが入る豪華版のランチになります（コーヒー付750円）。また、年末の29〜31日は、お持ち帰りのおせち料理を販売。近所の人たちはお重を持って買いに来ます。

いつもありがとうございます

ロース生姜焼定食。
おつけもの・味噌汁
コーヒー付800円。

マスターが工夫したたれで焼かれたお肉はジューシーで一気に食べちゃいます。

お客さんが
とぎれた時間に
読書しようとする
マスター。

あっ マスター
ひと休みですか?

大好きなマスターの
あとをついてまわります。

マスターが自分以外に注目するのが
許せないさくらちゃん。

そこで、マスターは読む本と一緒に
新聞紙を広げます。

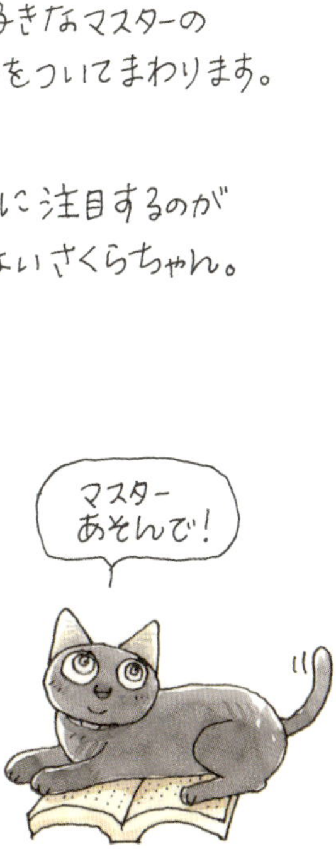
マスター
あそんで!

読書をじゃまするの図

新聞を読むと思った
さくらちゃんは、その上にゴロン。
紙面を隠します。

しっかりじゃましている
つもりのさくらちゃん。

おしるこ 500エン
おぞう煮 500エン
ケーキセット
650エン
あっ いらっしゃいませ！

と寝ていても、お客さんがお店のドアを開けた途端、すくっと起きます。

席に着いた常連さんの元へ飛んでいってごあいさつ。見事な接客ぶりです。

さくらちゃんこんにちは
お元気でしたかーー

「喫茶リオ」は、おいしい定食とコーヒーが味わえ、気さくなマスターとママさん、そして働き者の看板娘がいる貴重な喫茶店です。

高円寺

猫雑貨&ギャラリー 猫の額

猫雑貨&ギャラリー 猫の額
住所：東京都杉並区高円寺北3-5-17
TEL03-5373-0987
営業時間：12:00～20:00
定休日：木曜（祝営業）
※取材後に移転しました。地図と住所は移転後のものです。

お店には、茶トラのチャットくん（♂推定7才）がいます。元々は飼い猫でしたが、引越しで捨てられ、お店の前のスーパーのおばさんにごはんをもらい、地域猫として暮らしていました。おばさんにだけ「ミャーミャー」と寄っていき、男性には素っ気ないので、「愛想のないやつだなぁ」とオーナーの木村さんは思っていました。

2009年6月、交通事故で左眼と右前足を大怪我。ところがなかなか捕まらず、ボランティアさんに捕獲器を借り、いつももらっている唐揚げでつり、唐揚げごと毛布にくるんで獣医さんへ。3度の手術と1か月に及ぶ入院を経て快復しました。里親になりたいという人もいたのですが、10月からお店の猫になりました。

高円寺にオープンして9年目になる猫雑貨&猫ギャラリーの「猫の額」。その名の通り、小さなお店の中に個性豊かな猫作品がたくさん並んでいます。現在、いろいろな分野で活躍している約200人の作家さんたちのイラスト、立体、フィギュア、書籍、アクセサリーなどを扱っています。

昔、アパートの駐車場だった頃の名残りのポール。そのままアクセントに。

お店の外観。いろんなところに猫がひそんでいます。探してみてね。

こんなところにもいるよ。

取材時、展示スペースでは、年末恒例の「子供達が描いた猫展・8」が開かれていました。スケッチブックや画材が用意されていてその場でも描けます。

感想を書いてポストに入れておくと、作品返却時に子供に渡してもらえるなど、人と人をつなぐアイディアがいっぱい。

店内には所狭しと猫作品が並んでいます。「物を買う」というより、アミューズメント的に「あ～来て楽しかった」と言ってもらえるお店にと考えているそうです。

フィギュアもあるのでアニメ好きの人たちもやってきます。秋葉原→中野ブロードウェイ→「猫の額」というコースもあるとか。

個展のスペースの大きさにより、常設されているものも少し位置が変わります。来るたびに少し変化していることで「あれ、こんなものがあるよ」と新鮮な印象になるそうです。

トタン板を貼って、昭和の木造家屋の路地を表現しています。

増築に増築を重ねて進化するキャットハウス。

zzz…
お店が閉まるとケージから出してもらうんです
おとーさん遊んでくださいね

お店を開くにあたり、猫らしく通りから一本入った路地の物件を探しました。50軒以上見てまわりましたが、がらんとした白い壁の物件ばかりで、「つまらないなあ」と思っていたところここを見つけました。元居酒屋さんで食器棚や冷蔵庫のスペースはそのまま使えるし、なんといっても猫に似合う和室が奥にあったことが決め手になりました。

チャットくんへの
伝言はこちらへ。

「義経千本桜」
狐忠信のチャットくんと静御前のジャッコさん。
ジャッコさんは、昨年4月に22歳の天寿を全うした木村さんの愛猫。

チャットくんの日々はお店のホームページ内
「猫の額な日々」からのぞけます。

閉店するとケージから
出てきて遊びます。

あ、いらっしゃいませ〜〜

お店がオープンしている間は
ケージの中にいるチャットくん。
開店前、お店の中で遊んでいるのですが、
開店の12時になると自分から
ケージに入っていきます。
まだ人がちょっと怖いようです。

最初は2階建てでしたが、
サンルームと3階が
増築されました。

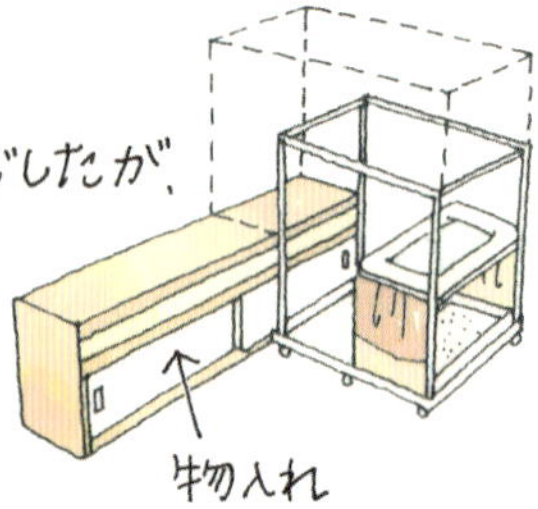
物入れ

進化するチャットハウス

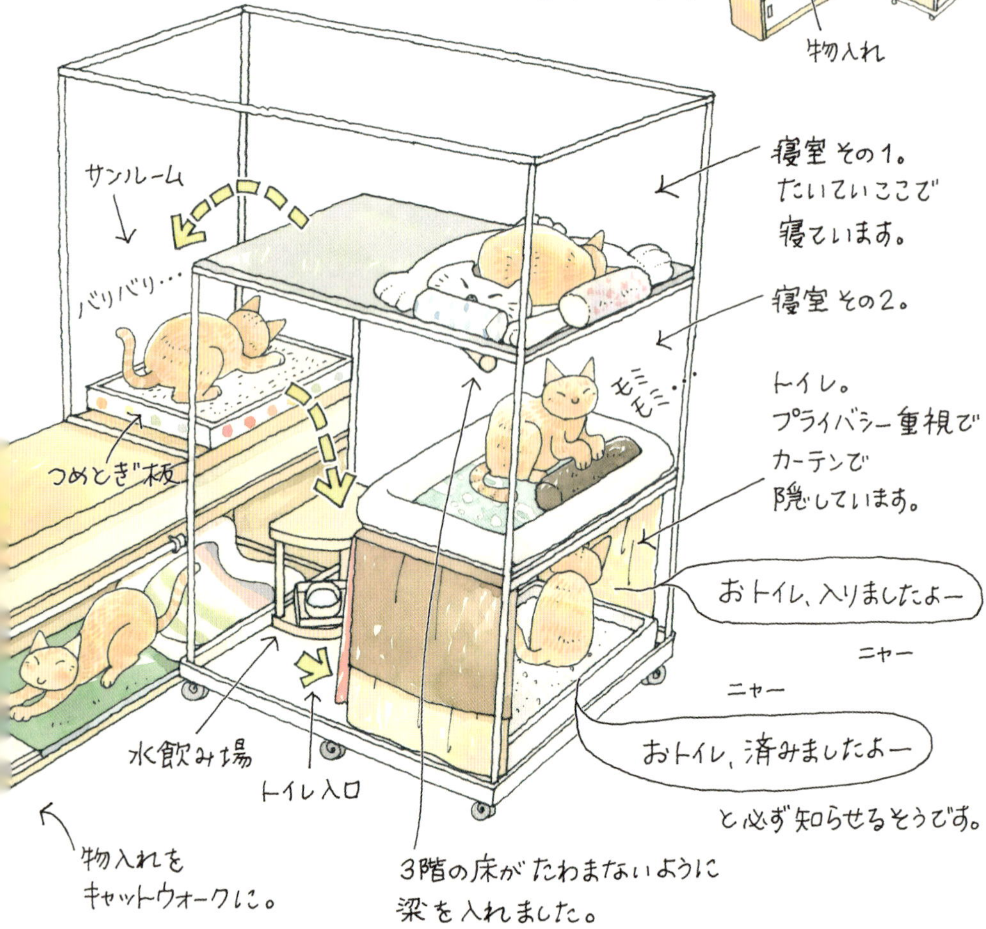
サンルーム
バリバリ…
つめとぎ板
寝室その1。
たいていここで
寝ています。
寝室その2。
モミモミ…
トイレ。
プライバシー重視で
カーテンで
隠しています。
おトイレ、入りましたよー
ニャー
ニャー
おトイレ、済みましたよー
と必ず知らせるそうです。
水飲み場
トイレ入口
物入れを
キャットウォークに。
3階の床がたわまないように
梁を入れました。

どうぞゆっくりしていってくださいねー

とても気が小さいのですが、
ケージの中ではなでられても平気。
爆睡している時は
ゆり動かしても起きないそうです。

おやつー
あのー そろそろ おやつの時間 なんですけど…
あのー おやつは まだですかー
あのー おやつはー

と催促。

3時少し前、チャットくんは急におしゃべりになります。
そう、大好きなおやつの時間だからです。

うまうま。。。

あ〜〜
早く出たいです〜
もうじき
閉店ですね
ワクワク
そろそろ
出してくださいね

お店が閉まる30分くらい前から
ケージの外に出る準備を始めます。
2階寝室のモミモミ棒で
ウォーミングアップ。

またもや おしゃべりになるチャットくん。

そして8時、閉店すると
ケージの外へ。

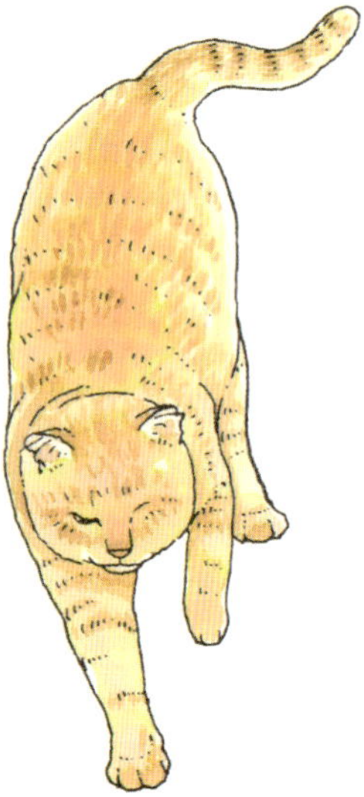

のびのび〜〜

まずは ごはんをいただきます。
チャットくんは現在6.7kg。
ちょっとメタボなのでダイエット中。目標6kg！

おいしゅうございました

ダイエットフードはなかなか食べてくれません。チャットくんのマイブームは木村さんのひざの上でごはんを食べること。これだとよく食べてくれるんです。

食べ終わると1時間ほど木村さんと遊びます。

いつかカウンターにちょこんと座ってお客さんを迎えてくれるといいなぁと思っています
あのー あの人だれですかー ちょっと集中できないんですがー

まだケージの外では知らない人のことが気になるようです。

江古田・たばこはなぶさ

たばこ
はなぶさ
LARK
たばこ

西武池袋線 江古田駅 北口を出て3分。日本大学藝術学部のそばに
三毛猫母娘のみーちゃんとへーちゃんのいるたばこ「はなぶさ」があります。
戦時中は、お菓子の配給をしていましたが、戦後、たばこも扱うようになりました。

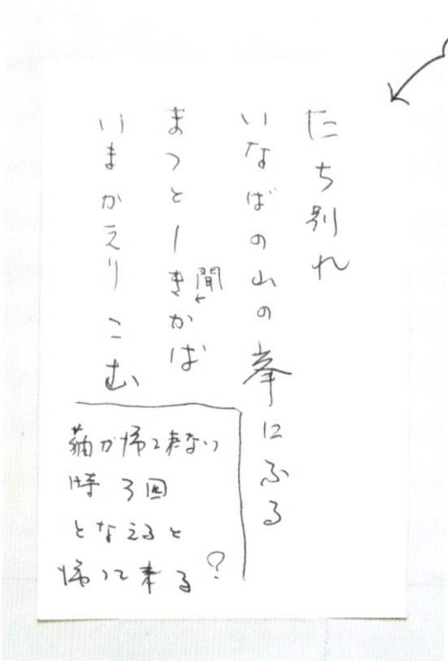
たち別れ
いなばの山の峯にふる
まつとし聞かば
いまかえりこむ
猫が帰って来ない時 3回 となえると 帰って来る？

在原行平のこの歌は、別れを
惜しむ歌ですが、それが転じて、
いなくなった人や動物が戻ってくるよう
願うおまじないの歌になりました。

「猫がいなくなった時この歌を
書いて3回唱え、いつも使っているごはん皿を
その紙の上に伏せておいたら猫が帰って来た」という
新聞の投稿記事を切り抜いておいたお母さん。
とにかく暑かった昨年の夏、みーちゃんが
外に出たまま戻って来ず、いくら捜しても
見つからなかった時、紙に書いて壁に貼りました。
そうしたら、みーちゃん、すぐ戻って来たそうです。

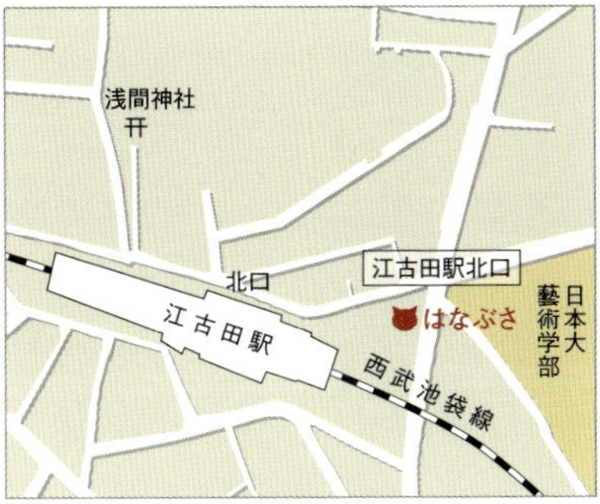

たばこ はなぶさ

住所：東京都練馬区旭丘2-45-5

TEL03-3955-4548

営業時間：9:00〜20:30（日・祝16:00〜20:00）

定休日：なし

※取材後に移転しました。
地図と住所は移転後のものです。

妹さんの家の前に捨てられた子猫をもらいました。
三毛猫だったのでみーちゃん（♀20才）。
昔はやんちゃで気が強く、
さわらせてくれませんでしたが、
今はおとなしく昼間はよく寝ています。

みーちゃんの娘の
へーちゃん（♀19才）。

みーちゃんに4匹の子猫が生まれ、
3匹はすぐもらわれましたが、
へーちゃんだけは柄が悪くて
もらい手がありませんでした。
器量の良くないことを「へちゃ」といって
へちゃ、へちゃと呼んでいるうちに
「へーちゃん」に。

朝は目覚ましが鳴る前に
起こしに来ます。

お菓子が置いてあるのは昔のなごり。

たたみ台。昔は、このコーナーがたばこ売場の窓口でここに座って店番したそうです。

こんにちは〜
にゃう
にゃう
にゃう
にゃう

入口

お店には老若男女のお客さんが訪れます。外にも3台の自販機がありますが、お店が開いている時に使っている人を見ませんでした。皆さん、お母さんとの会話を楽しんでいます。

お店でにゃーにゃー聞こえたらヘーちゃん。ガラスケースの下はお気に入りの場所。自分に都合の悪いことがあったりすると隠れます。

2匹の寝床。くっついて一緒に寝ます。みーちゃんは一日のほとんどをこの寝床で過ごしています。

ごはん処。

お母さんも数えたことがないくらいたくさんのたばこが並んでいます。

おいしいですよー
にゃう
にゃう
にゃう
にゃう
にゃう
はい いらっしゃい
あら へーちゃん!
いらっしゃいませー

へーちゃんはとってもおしゃべり。人見知りするのにお母さんやお客さんが気になってにゃーにゃ〜。お天気の日は2階でひなたぼっこしています。

近所の猫好きおばさんがお茶を飲みに来てたりします。

みーちゃん へーちゃんの外への出入口はトイレの下の窓。

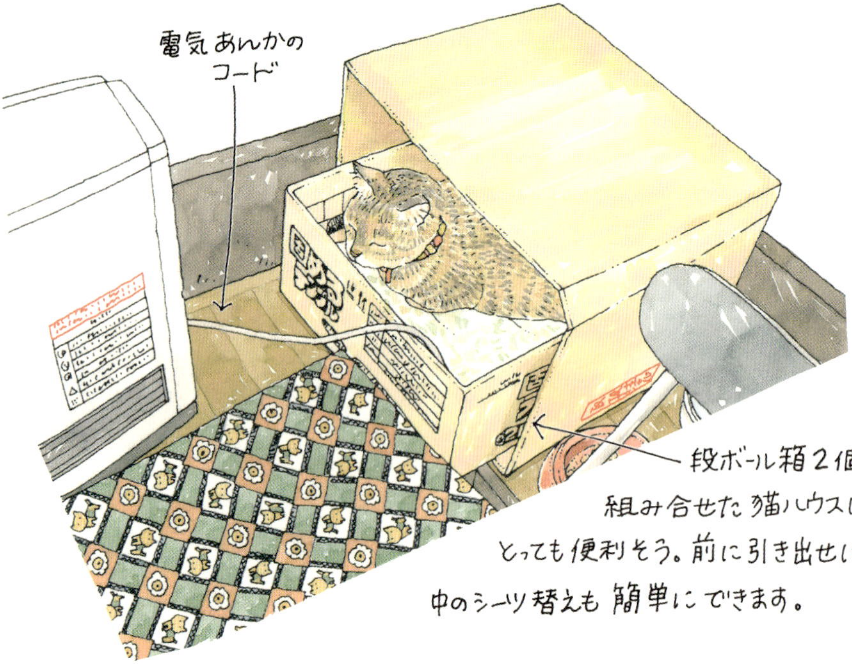
電気あんかのコード
段ボール箱２個を組み合せた猫ハウスは、とっても便利そう。前に引き出せば、中のシーツ替えも簡単にできます。

ヘーちゃんの右耳は昔患った耳の病気でちょっと小さくなってしまいました。
でも不自由はないようでとても元気です。

大好きなお母さんにべったりのヘーちゃん。
19才という年齢にもかかわらず、
歯がきれいにそろっています。
長寿の秘けつはなんでしょうと
お母さんにお訊きすると、

「特になにかしているわけ
じゃないし…
ヘーに訊いてもらわなきゃ
わからないわねエ」

このところ、みーちゃんは
寝る時間が多く
なりましたが、
ごはんを食べ終わると
ストーブの前で
くつろいでいます。

おいしゅうございました

地域猫のみーちゃん。
「はなぶさ」のお母さんが
ごはんをあげています。
ごはんの時は、茶碗を
叩くとどこからともなく
飛んで来ます。
時々出て来ないことも
あるのですが、その時は
お皿にふたをかぶせて
おくと、なんとそのふたを
どけて食べるそうです。

学生の街・江古田の喫茶店

武蔵大学・武蔵野音楽大学・日大藝術学部の学生の胃袋を満たし、
憩いの場でもある喫茶店がたくさんあります。

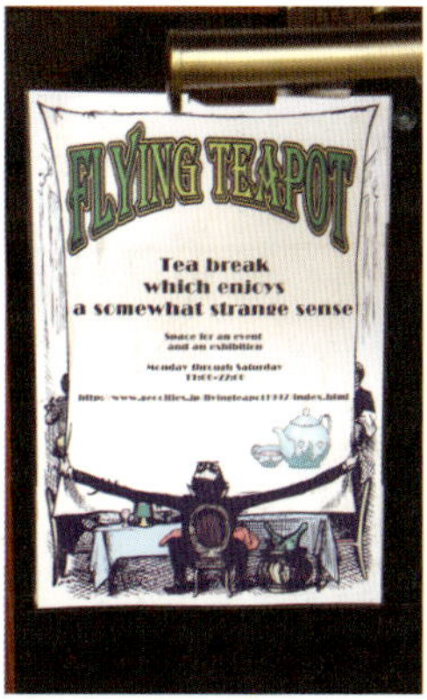

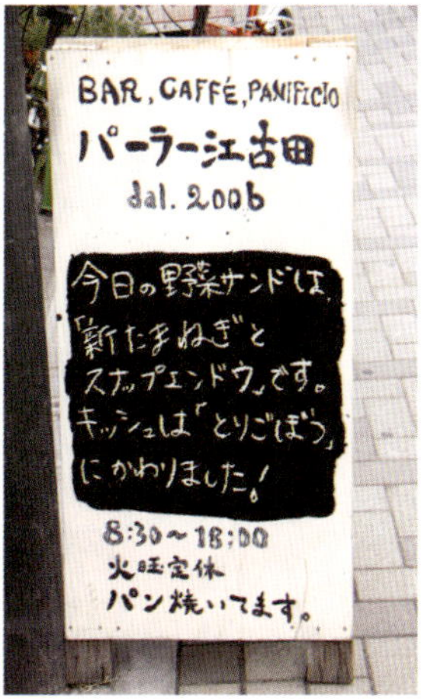

パン屋さんの喫茶店・
「パーラー江古田」のランチ。
PANINI（サンドイッチ）
チキンとまいたけのオーブン焼き（サラダ・飲み物付き）800円。

パン屋さんだけあって
10数種類の
パンから選べます。
これはリュスティック
というパン。
外はカリカリ中もっちり。

浅間神社の富士塚（国指定重要有形民俗文化財）。

江戸時代、庶民の間に
富士山信仰が広まりましたが、
当時富士山は女人禁制。
病気の人も長旅が困難。
そこで富士山の溶岩を使って
模倣富士山を築き、
誰でも参拝できるように
したのが富士塚です。
登山できる期間は
1月1日～3日、
富士山の山開きの
7月1日、9月第2土・日曜日
9:00～15:00

↑ 武蔵野音楽大学
パーラー江古田（パン・喫茶）
モカ（喫茶）
プアハウス（喫茶）
商店街
富士塚
浅間神社
カフェ ドトレボン（喫茶）
ピース（喫茶）
トリスカフェ（喫茶）
UCC カフェメルカード
はなぶさ（たばこ）
日本大学 藝術学部
西武池袋線
江古田駅
交番
シャマイム（イスラエル料理）
トキ（喫茶）
東長崎 →
日本大学 図書館
カフェ エスケープ
← 武蔵大学

創業昭和三十三年
江古田で一番古いキッサ店
トキ

大盛りナポリタンや
カレーで有名な
コーヒー&パーラー「トキ」。
大盛りはお盆のように
大きなお皿で出てきます。
パフェ類も充実。

特盛りは、ショーウィンドーの
サンプルよりさらに大きいらしい。

壁一面のカップの中から好きな
カップを選べる珈琲店「ぶな」。
コーヒーを飲み終わる頃、
ゼリーのサービスがあります。

どうやって飲むのかと
思ったら…

猫カップもいくつかあります。

難点は…
頭の部分に砂糖が
たまってしまうそうです。

珈琲店ぶな
（喫茶）
フライングティーポット
（喫茶）
江古田市場通り
← 桜台

日本ではめずらしいイスラエル家庭料理
「シャマイム」のランチ、ファラフェルセット600円。

ピタパン

スパイシーソース
（とうがらし＋ハーブ）

フムス
（ひよこ豆と
ゴマのペースト）

スパイシー
サラダ

玉ネギサラダ

ファラフェル（ひよこ豆と
ハーブを混ぜて揚げたもの）

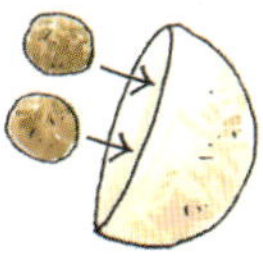

ピタパンの中に
フムスたっぷりと
スパイシーソース少量をぬり、
ファラフェル2個とサラダを
つめて食べましょう。

秋葉原・珈琲アカシヤ

大正13年築の建物。
階段室の丸窓や外壁の
スクラッチタイルに、
歴史を感じます。

昭和48年開店の「珈琲アカシヤ」。店内はほとんど開店当時のまま。
そこには、優しいママさん、寡黙なマスター、
そしてかわいい看板猫のチャーちゃんがいます。

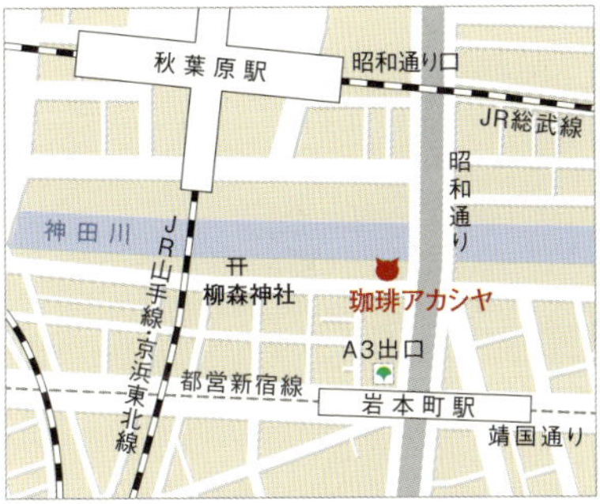

珈琲アカシヤ
住所：東京都千代田区神田岩本町15-2
TEL03-3251-7005
営業時間：7:00～19:00（土7:30～17:00）
定休日：日曜・祝日

蝶ネクタイが、
きりりと決まっている
チャーちゃん（♂ 16才）。

チャーちゃんは、先代店猫の
ミーちゃんが亡くなって
1年もたたないある日突然
お店の前に現われました。
マスターがウィンナーを
あげようと外に出たら、
お店の中に入ってきて
そのまま居ついてしまいました。

来た時から人見知りせず、
お客さんのひざの上に
乗るほど人なつこい子です。

お店の扉を開けると、
「いらっしゃいませ」と
ママさんのあたたかい声と
チャーちゃんが出迎えてくれます。

入口
1階
ZZZ…
ごはん
おいしいですー
チャーちゃんの
食事処。
チャーちゃんの
寝箱。
トイレ

ママさんの
お父さんが
描いた絵。
花びんには
「ACACIA」と
店名が
描かれています。

常盤新平

「チャーちゃんに」
と常連さんが
持ってきてくれた
ねこじゃらし。

2階
2階も
落ちつきますよ
1階へ

テーブルは、マスターが木場で
購入した1本ものの板を
切って作ったもの。
一つとして同じ形のものは
ありません。
2階は絨毯なので
毛がつくといけないから
チャーちゃんは
お出入り禁止です。

2階へ
いらっしゃいませ

テーブルのタイルは
浜松町の
貿易センターで
購入した輸入タイル。
タイルの大きさに
合わせて特注した
テーブルに貼りました。

お店の内装はほとんど手作り。壁も天井も
自分たちで木材を買ってビス留めしたそうです。

名前は、
茶色のトラ模様なので
「チャトラ」でしたが、
呼んでいるうちに
だんだん短くなって
チャーちゃんに。
来た当時 獣医さんに
診てもらったところ、
5~6才 とのことでした。

チャーちゃんは、初めから お風呂も嫌がらず、
テーブルの上の食べ物に手をだすこともなく、
しつけされている子だったそうです。
「野良じゃなくて、捨てられた子かも」とママさん。
マスターと「うちに来るべくして来た子だねェ」と
話しています。

カウンターの上のお水を飲むチャーちゃん。
椅子の肘掛けにちょこんと
前足をそろえてのせて、
お行儀よく飲みます。

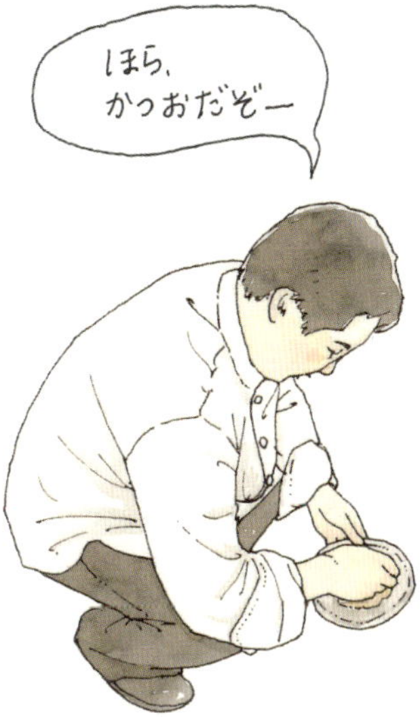
ほら、
かつおだぞー

チャーー
いるー?

と、近所の
ビストロのオーナー。

手には
お店から
持ってきた
お皿が。

なに
なに?

すでにごはんを →
食べたのだが、
食欲旺盛な
チャーちゃん。

うまうま、
ごちそうさまでした!

準備中
WELCOME

チャーちゃんはおなかが
いっぱいになると外の見回りに。
近くの公園や、神田川の堤防の
上を歩いていることもあるそうです。

チャー
元気かあー

と、チャーちゃんの寝箱をのぞきこむ常連さん。

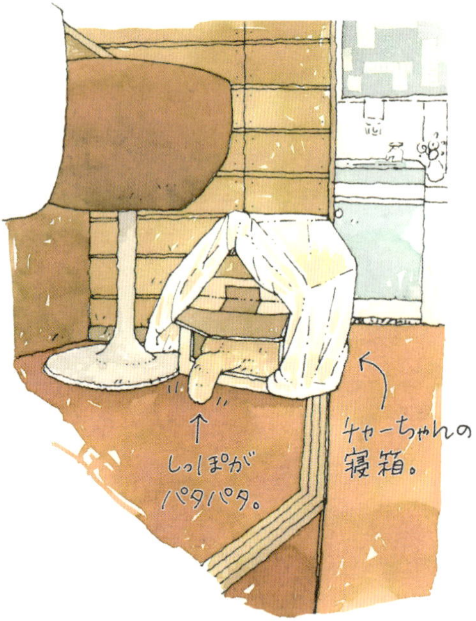
しっぽがパタパタ。
チャーちゃんの寝箱。

天井を少し高くしているのと、入口の反対側に顔を出せる窓があるのがポイントです。

居心地いいニャー

COFFEE
明石屋

その後、「木村屋」とか「明治屋」のように漢字で店名を書くのがハイカラな時代がありました。
そこで「アカシヤ」を「明石屋」に。
「源氏物語」の「須磨・明石」からとりました。

女性でも
食べやすいように
パンに切れ目が
入っています。

常連さんが作ってくれた猫のつまようじ入れ。

モーニングAセット
ホットドック、サラダ、飲み物付き 430円。

モーニングBセットのサラダ。
（トースト、玉子、サラダ、
飲み物付き 430円）

「モーニングは新聞を読みながら食べるお客さんが
多いので、玉子の殻はむいて出すんですよ」と、ママさん。
トーストは、耳あり・耳なし・焼き加減まで、お客さんのリクエストに応えます。

ピザトースト（サラダ付き）450円。

トーストの上に、ピザソース、トマト、サラミ、ウィンナー、
たっぷりのとろけるチーズとピーマンをのせて
焼き上げた昔懐かしのピザトースト。

アカシヤの入口。
おや？ 店名が少しずつ違う。

実は、どれも正解です。

最初、お店の名前は植物の「アカシア」でした。看板にもアカシアの葉がデザインされています。

ところが、「アカシア」を「アカシヤ」と呼ぶお客さんが多く、「アカシヤ」に。

※チャーちゃんは、2011年1月に天国へ行きました。

近所の見どころ

〈柳森神社〉

太田道灌が長禄元年（1457年）
江戸城を築いた際に、
鬼門除けに柳を植え森とし、
その鎮守として
京都伏見稲荷より勧請。
境内には、5代将軍綱吉の母・
桂昌院が信仰していた
福寿神（狸）の像を祀る福寿社や、
力石群、富士講石碑、
都内では1本しかないという
めずらしい御衣黄《ぎょいこう》桜があります。

御衣黄桜

「こちらがおたぬきさんを
祀る福寿社ですニャ」と
案内してくれるシロちゃん。

狛犬ならぬおたぬきさん。
たぬき→他抜き→他に抜きんでる
とかけ、立身出世や勝負事・金運向上など
のご利益があるそうです。

おさいせん、はずんだか？

ビミョーな場所で
くつろぐクロちゃん。

猫おばさんが
世話しているそうで、
人なつこい子ばかり。
皆さん ごはんをあげたり、
癒やされたり。

思い出のお店

今はなくなってしまったけれど心に残るお店をご紹介。

三鷹 ノラや

JR三鷹駅北口から歩いて約10分のところに、
オッドアイの美猫トニくん（♂5才）のいる
小さな喫茶店「ノラや」はあります。

開店して5年。お店の名前は
内田百間の『ノラや』から。

ノラや
住所：東京都武蔵野市中町3-1-1
※2012年5月閉店。
トニくんは自宅で元気に暮らしています。

生後2か月くらいの時、武蔵野中央公園のつつじの枝にひっかかっていたところを拾われました。

12月12日にやってきたので10《と》と2《に》で「トニ」とママさんのお母さんがつけました。

自宅に連れて帰ってみましたが、先住猫4匹にびびったのかタンスの奥に隠れてしまい

ごはんも食べずトイレにも行かず。4匹はただ興味津々だっただけなのですが、

トニくんはなじめず、お店の2階に住むことに。

猫の置物がズラリと並びます。
優しいオルゴールの音色が静かな店内に流れます。
トニくんの子猫時代の写真もいっぱい。
入口
ママさんの席
トニくんお気に入りの席
あのドアに近づいちゃダメってママに言われているんだ
トニくんは小さい頃、入口の周りには行かないよう教えられたので、外へは出ません。
壁には、ママさんお気に入りの絵や写真が所狭しと飾られています。
中にはお客さんが撮ってきてくれたものもあります。

トニくんの水飲み場。

世界各国から集めた

冷蔵庫の上にもケンジントンキャット(P.105)がいます。

CHAT NOIR
厨房
ごはん
くださーい
ごはん処
クマさんの席
トイレ
なにお話
しているのかなー

2階に行ったと思ったら、ここでお客さんたちのおしゃべりを聞いていることも。

昔懐かしい柱時計がカチカチと時を刻みます。

ママさんにべったりの
甘えん坊。

「トニが寂しがると
いけないから
毎日お店を開けるの」
と ママさん。

しっぽの先が
ちょっと白い。

トニくんの瞳は
絵に描けない美しさ。

寒天コーヒーゼリー 500円。
しっかりした食感の
コーヒーゼリーです。

階段の1段目に乗ると
ドアノブに手がかかるので、
トイレのドアを開けるのが得意。

ごはん
くださ〜い
トニくんの
ごはん処。

閉店後、
ひとりでいる時、
ドアが閉まっちゃって
一晩トイレに
閉じこめられた
こともありました。

あせったニャ〜

秘密基地みたいで
いいでしょ!

2階の寝室拝見

いつもここで寝ています。
他にもひなたぼっこ専用の
台や猫ちぐら、
怖いことがあった時に
隠れるスペースなど、
2階はトニくんのために
使われています。

昔、抱っこしてもらった
常連さんは
今でも平気なんだ

お店に来たばかりの頃のトニくん。
最初はまったく人見知りせず、だれにでも抱っこされ
お店にも一日中出ていてお客さんに甘えていました。
ところが、3才くらいから何故か人見知りするようになり、
今は2階の寝床にいることが多いそう。

小さい頃から大の仲良しのクマの人形。
2階の自分の部屋と下のお店の間をくわえて歩きます。

いらっしゃいませ

「初めてのお客さんで
たぶんトニくんに会いに来て
くれたのかなあと思われる人もいるの。
トニは2階にいるので私に遠慮なく声を
かけてくださいね。連れてきますよ」とママさん。

「ノラや」の猫コレクション

猫の小物・置物・絵を集めて30年。
お店にあるのは そのうちの約半分ほどだそうです。

あらあら不思議。どこからでも
こっちを見ているケンジントンキャット。
ケンジントンキャットは英国の陶芸家
ジェニー・ウィンスタンレイによる作品。

工房で一匹ずつ
仕上げ彩色後に
焼かれます。

その目が特徴的で
どこから見ても視線が
合うように作られています。

森下 田中ブラシ製作所

明治35年麴町で創業したブラシ製造・販売の「田中ブラシ製作所」。大正10年に現在地に移転しました。刷毛は塗料などを塗る道具としてその歴史は古く、平安時代から神社・仏閣の建物を塗るのに使われていたそうです。一方ブラシは、磨いたり手入れをするための道具。江戸時代、黒船来航時に船のデッキブラシなど掃除用具として伝わりました。

ナナちゃんが食べるためにお母さんが
ネコじゃらし(エノコログサ)を種から植えています。

田中ブラシ製作所
住所：東京都墨田区千歳3-11-6
※2011年12月閉店。
ナナちゃんは自宅で元気に暮らしています。

鼻の周りの黒い模様が
チャームポイント。

「田中ブラシ製作所」の
ナナちゃん（♀12才）は、
シャムと日本猫のミックス。
知人宅で生まれた3匹のうち
最後まで残った1匹を
もらいました。
名前は先代の看板犬、
スピッツのナナから。
近所に猫や犬を
飼う家が多く、
ゴン（5）、ロク（6）、
ハチ（8）といて、
ナナ（7）がいないから
じゃあナナで
ということになりました。

午前中は、お店の入口で
陽なたぼっこしたり
外を眺めたりしています。

毛の束を切るカッター。
ブラシの毛は2つ折りにするので、
ブラシ長さの2倍強に切ります。

お店の前のバス停に人が並ぶのが見えると、
にゃうにゃう呼びかけるナナちゃん。
そんなナナちゃんを携帯で撮っていく人も。

カジガジ
てへっ
るんるん♪
おいしいのよ～
仕事場
にゃう
にゃう
るんるん♪
入口
いくわよ～
このくらい
軽いもんよ

ブラシの毛先を
整える機械。

バリカン

ショーケースの上からクーラーの上、
シャッターBOXの上を通って…

ナナちゃんは小さい時、お店の外に出て、歩道で何回か自転車にぶつかったことがありました。大怪我はしなかったもののそれ以来、外に出なくなりました。

神棚のしめ縄をカジカジ食べてしまうナナちゃん。

深川神明宮の総代をされている田中さん。お祭りの写真が飾られています。

帰りはこちらから
お父さんも大好き!
お茶の間

ナナちゃんにつめとぎされた引戸。

ナナちゃんの写真。

ナナちゃんはお母さんが大好きで、いつもべったり。
用事で外出したりすると、一生懸命捜します。
お父さんがいても「お母さんがいない！」と
鳴くので、お父さん、ちょっとさびしい
気持ちになるそうです。
そういえば、取材の日時を決める時も
お父さんが「お母さんのいる時」と
おっしゃっていました。

若い頃は、
お客さんが来るとすっ飛んで
お出迎えしたり、
仕事中もお父さんやお母さんの
周りをうろうろして
ずっとそばにいました。

お父さんの仕事を見守る
若かりし頃のナナちゃん。

ナナちゃんに
がりがりつめとぎされた引戸。
もう、取材
終わり
ですよね
クーラー、
好きでないのよ。
早く2階に
戻りたいんですが…
あけてくださーーい
あ・け・て！
びにょ〜ん
のびる・のびる

ブラシが出来るまで

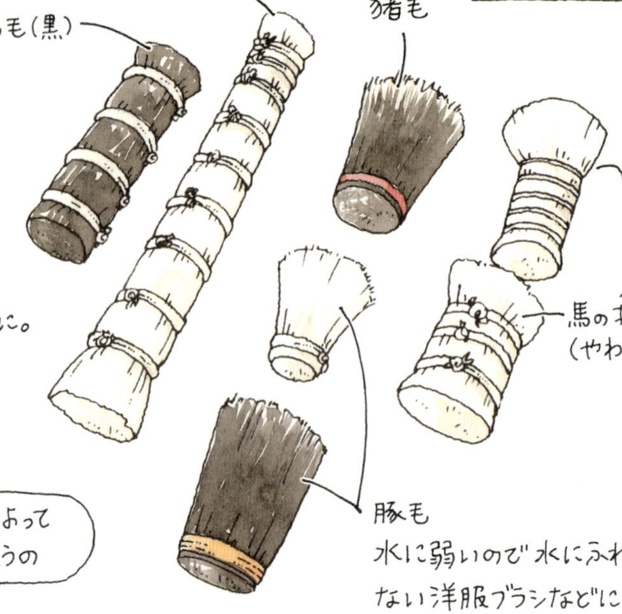
馬のしっぽの毛(白)
馬のしっぽの毛(黒)
猪毛《いのしし》
羊毛
馬の振毛《ふりげ》
(やわらかい毛)
豚毛

馬毛は
水や薬品に強く
耐摩耗性に
優れるので、
お風呂で使う
ボディブラシなどに。

豚毛
水に弱いので水にふれることのない洋服ブラシなどに。

ブラシの用途によって
使う毛が違うの

つぼギリで穴を開けた
ブラシ木地に細い針金を使って、
毛を植えつけていきます。

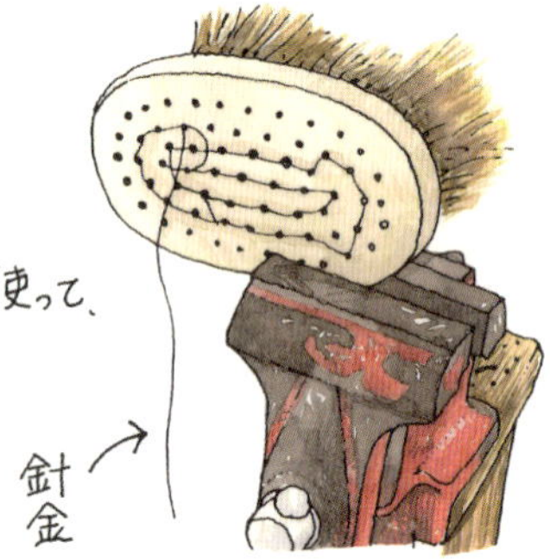
針金

細い針金を輪にして
穴に通します。

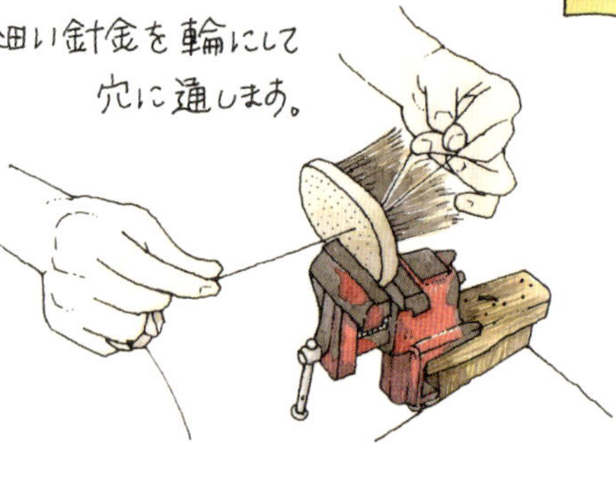

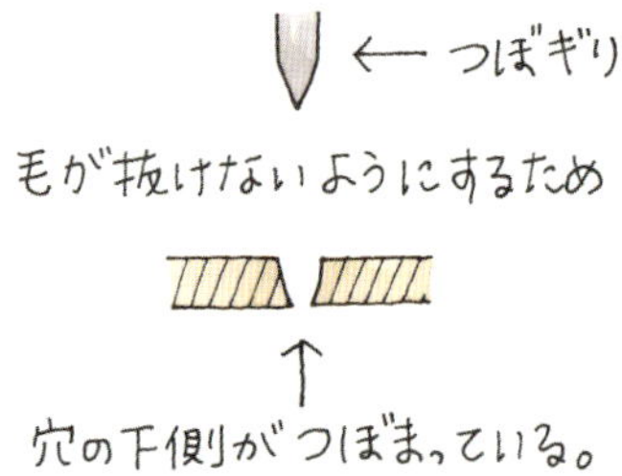
← つぼギリ
毛が抜けないようにするため
穴の下側がつぼまっている。

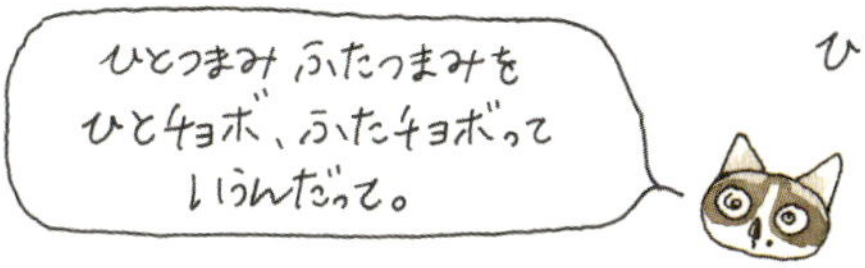
ひとつまみ ふたつまみを
ひとチョボ、ふたチョボって
いうんだって。

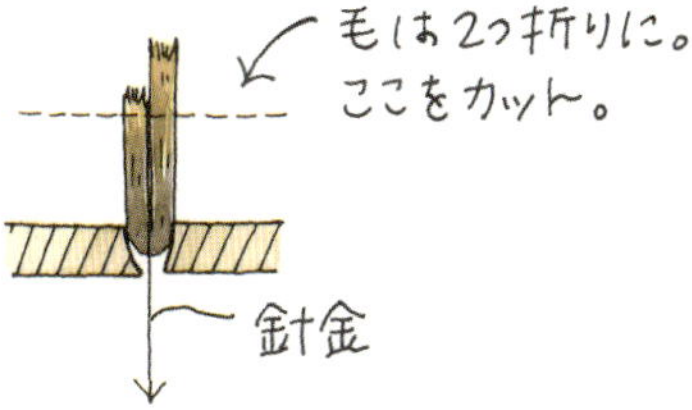
毛は2つ折りに。
ここをカット。
針金

その針金の輪の中に
ひとチョボの猪毛を入れます。

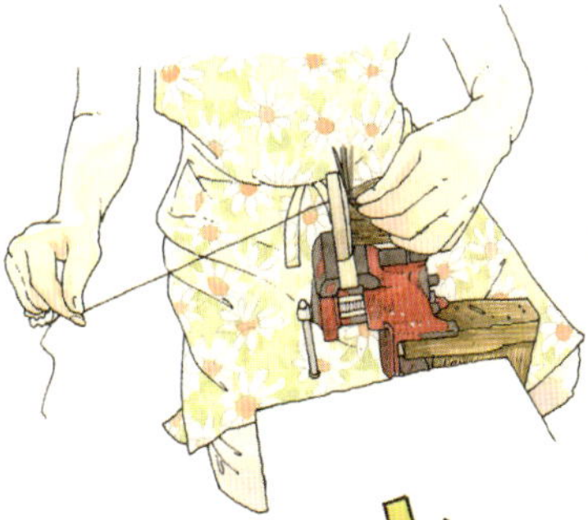

針金を
ぎゅっと引っ張り
毛を穴に
植え込みます。

穴の中にチョボを立てます。

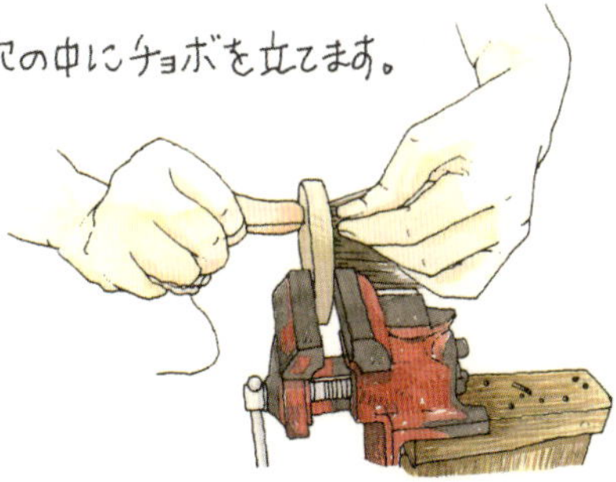

これをくり返し、
最後に鋲を打ち

毛の長さを
ブラシの寸法に
刈り込み
揃えます。

目にも留まらぬ
早技なの
おかあさん
スゴイネ!

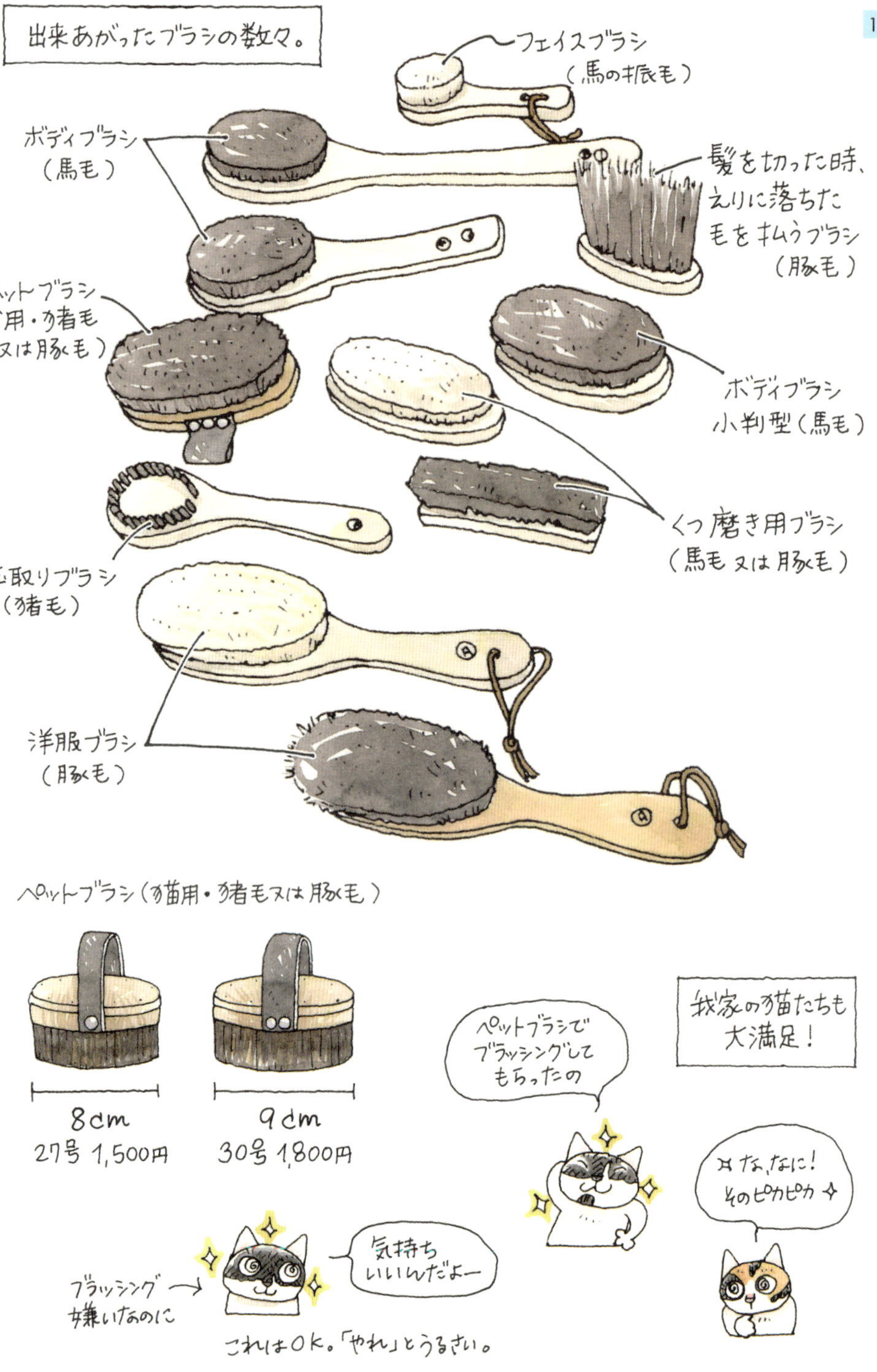
出来あがったブラシの数々。
フェイスブラシ（馬の振毛）
ボディブラシ（馬毛）
髪を切った時、えりに落ちた毛を払うブラシ（豚毛）
ペットブラシ（犬用・猪毛又は豚毛）
ボディブラシ小判型（馬毛）
毛玉取りブラシ（猪毛）
くつ磨き用ブラシ（馬毛又は豚毛）
洋服ブラシ（豚毛）
ペットブラシ（猫用・猪毛又は豚毛）
8cm
27号 1,500円
9cm
30号 1,800円
我家の猫たちも大満足！
ペットブラシでブラッシングしてもらったの
な、なに！そのピカピカ
ブラッシング嫌いなのに
気持ちいいんだよー
これはOK。「やれ」とうるさい。

清澄通りは看板猫通り

生花「花亀」の
リカちゃん（♂12才）。
おばあちゃんの
お気に入りの名前で、
男の子なのに「リカ」。
体は大きいけれど、
気が弱いらしい。
季節のいい時は、
リードをつけてお店の
外にいます。時々
リードがはずれると、
ナナちゃん家に
遊びに行ったりします。

「宮川唐がらし店」の
Coo《クー》ちゃん（♀4才）。
お店のネズミ対策で
代々猫を飼っています。
それも必ず女の子。
男の子は外に出てしまうので、
女の子にしているそうです。

昭和23年創業。
「辛いのがいい?」「辛くないのがいい?」と
聞いてくれます。ベースの七味に好みに
合わせて辛いのは「一味唐がらし」を、
辛くないのは「山しょう」と「青のり」を足します。
七味（歌舞伎缶）小300円
業務用がメインですが、小売りもしています。

吉祥寺 カフェ&ジェラート ドナテロウズ

カフェ&ジェラート **ドナテロウズ**
住所：東京都武蔵野市吉祥寺南町1-15-8
※2012年5月閉店。
猫たちは里親さんの元で元気に暮らしています。

七井橋通りから井の頭公園への入口脇にあるカフェ＆ジェラート「ドナテロウズ」。クレープと喫茶の店として35年前にオープン。ジェラートの今のお店になって25年、猫好きな人々のランドマーク的存在でした。多い時には20~30匹の猫たちが、お店に出入りしていたそうです。

2005年に取材した時は、お店にパンダくん、台ちゃん、ローリーくんが、外にはむさ子ちゃん、みなみちゃんたちがいました。猫と人が自然に一緒にいられる貴重なお店が、2012年5月、建物の取り壊しにより閉店することとなりました。

お店の窓に貼ってある里親募集のちらしをのぞく人。
ドナテロウズから里子に出した猫は数知れず。
たくさんの子猫たちが幸せになりました。

現在ドナテロウズには
ローリーくん(♂ 推定10才)と
はっちゃん(♂ 推定5~6才)がいます。

はっちゃん。
名前は、八割れなので
あの有名な「はっちゃん」から。

佐々木さんと
ローリーくん。

9年前、ケがして
うずくまっているところを保護。
病院に連れて行き
そのままお店の子になった
ローリーくん。子猫が好きで
そばによくいたので
「ロリコン」のロリをとりました。

店主の佐々木さんにとって
猫はいて当たり前の存在。
公園の猫に声をかけ、
ごはんをあげたのがきっかけで
入れ代わり立ち代わり
お店に来るようになりました。
「困っていれば助けるのは
自然なことよ」と佐々木さん。

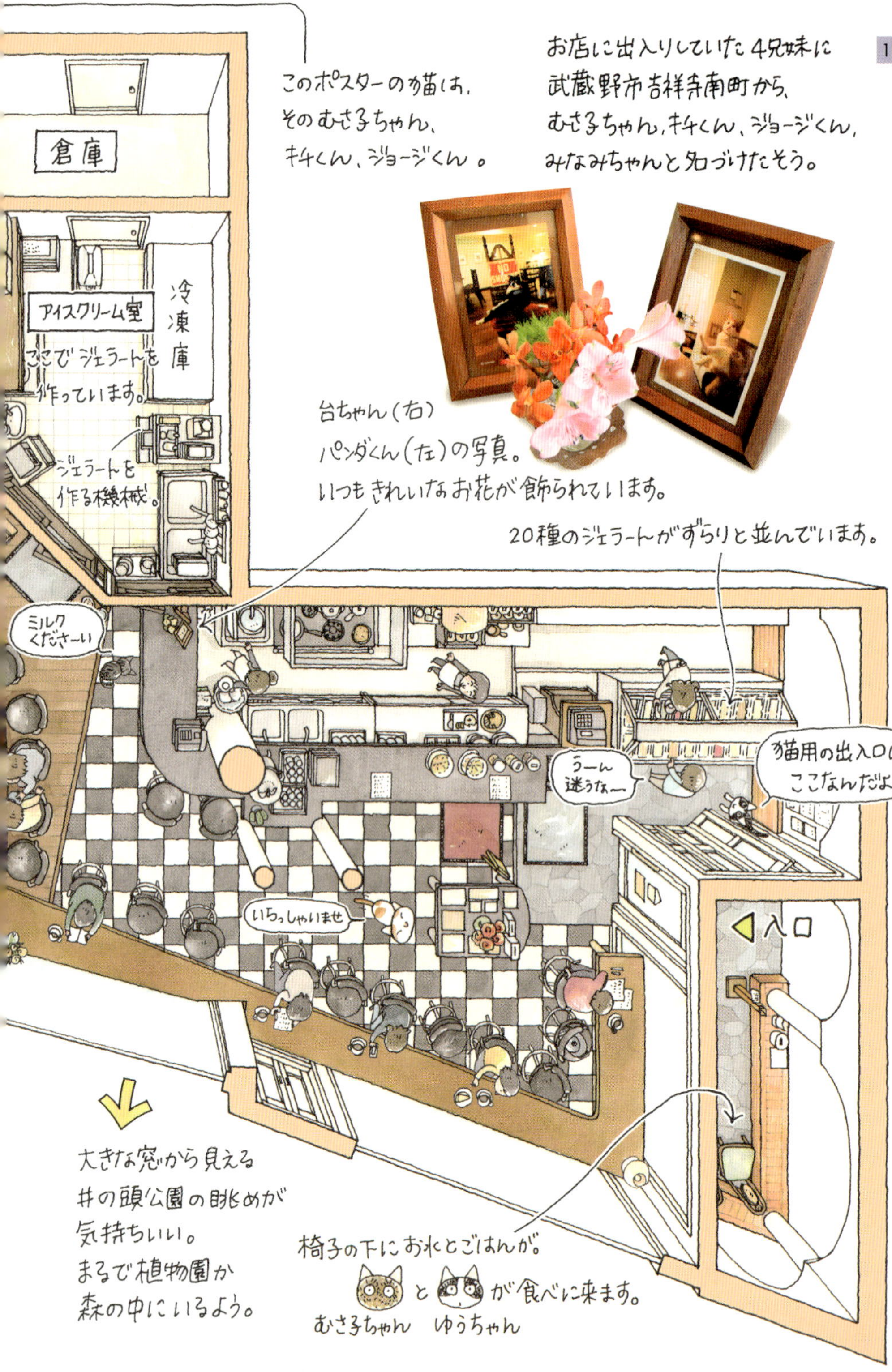
倉庫
アイスクリーム室
ここでジェラートを作っています。
冷凍庫
ジェラートを作る機械。
ミルクくださーい
うーん迷うなー
猫用の出入口はここなんだよ
いらっしゃいませ
入口

このポスターの猫は、そのむさ子ちゃん、キチくん、ジョージくん。

お店に出入りしていた4兄妹に武蔵野市吉祥寺南町から、むさ子ちゃん、キチくん、ジョージくん、みなみちゃんと名づけたそう。

台ちゃん（右）パンダくん（左）の写真。いつもきれいなお花が飾られています。

20種のジェラートがずらりと並んでいます。

大きな窓から見える井の頭公園の眺めが気持ちいい。まるで植物園か森の中にいるよう。

椅子の下にお水とごはんが。むさ子ちゃんとゆうちゃんが食べに来ます。

トイレのドアに台ちゃんの作ったひっかき傷が残っています。

その昔、夜中にお店の中でいたずらしないように、パンダくんと台ちゃんを猫トイレと寝床を置いたトイレに入れて帰りました。ところが朝来ると台ちゃんがお店の中にいる。来る日も来る日もトイレに閉じ込めたはずの台ちゃんが出ている。なんと、台ちゃんはドアノブに手をひっかけて扉を開けていたのでした。

ここに僕のハウスがあるんだよ
お隣に座ってもいいですか？
ノブくんの寝床
ノブくーん
ワンちゃんがいてもビクともしないはっちゃん。
トイ
※静かなコなら犬の入店OK。

おしゃべりに夢中なお客さんの隣で、気にせず寝ているローリーくん。

パンダくんとノブくんが競ってマーキングしたテーブルスタンド。毎朝、漂白剤でのニオイ取りが大変だったそうです。

お店にはっちゃんが
いない時は、
近くのお茶屋さんの
自販機の上で
寝ています。

2001年の11月《ノベンバー》にやってきた
からノブくん。パンダくんとの
ケンカが絶えず、パンダくんが
亡くなってからお店の子に。
人なつこくて、常連さんたちに
とてもかわいがられていま
したが、この2月に体調を
崩し天国へ。ミルクが欲し
くてスタッフのお姉さんに甘
える姿が忘れられません。
ありがとね！ノブくん！

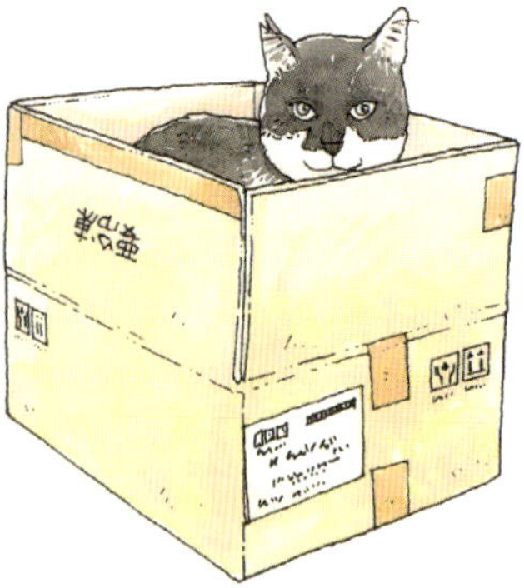

ここから先、キッチンの中には
絶対入らなかったそうです。

2005年の取材時、
あたりににらみをきかせながら
ゆうゆうと公園の見廻りをしていたローリーくん。

今は、お天気の良い午前中は公園でお昼寝。

枯葉のベッドは暖かいんだよ！

たいてい
お店の椅子に
いるけど、
ぐっすり休みたい
時は、ここで
寝てるんだよ

よいしょっ
夢未来
JA熊本市

ローリーくんの
ハウス。

快適だよー

ハウスで寝ていても、おいしいごはんを
持ってきてくれる常連さんの声を
聞きわけて出てきます。

はい
ローリーくん
いつも
ごちそうさまです

フランス製のキャットフードでおいしいらしい。

2009年、近くの駐車場でごはんをあげていましたが、よく鳴いてうるさいので、
ちょっとずつごはんをずらしてお店の方へ連れてきました。
当初、お店に住めることが相当うれしかったのか、佐々木さんの腕の中で
モミモミするほど抱っこが大好きでした。ところが、「日々小言を言っていたら、
最近は目をそらすようになっちゃったのよー」と苦笑いの佐々木さん。

お客さんの隣に
おとなしく一緒にいる
はっちゃん。

私のお気に入り。

サツマイモ
ラズベリー
（木いちご）
カプチーノ
Donatello's

味はいろいろ
20種類。

「ドナテロウズ」のジェラート。
1～3種の味が楽しめて400円。

人気味は、
オレオクッキー
ホワイトクリーム
（バニラから卵黄を
抜いたさっぱり味）
ミルクティー
Donatello's

フルーツ系のジェラートは季節のものを出します。
ヨーグルト系もおいしいし、う～ん迷ってしまう…

ジェラートの他に手作りの焼菓子やケーキもあります。

Ginger Pie
Cinnamon Sugar Pie
¥50
Oreo Cookie
¥20
Apple Pie
Caramel Mousse
¥280
Banana Custard Pie
¥250

井の頭公園の緑と明るい日差しに
猫も人も思わずのんびりする店内。

ドナテロウズが目的で荻窪から
散歩してくるお客さん。

ベルは、道で猫に会うと怒るのに、
ここの子たちは大丈夫なのよ。
ベルも私もこのお店の雰囲気が大好き

イタリアングレーハウンドのベルちゃん。
寒さに弱い犬種なので
いっぱい着込んでいます。

「ドナテロウズ」は猫と人にとって居心地の良い、
そして猫好きの心に残る喫茶店でした。
長い間 本当にありがとうございました。

ベルちゃんがいるにもかかわらず、
後から来て爆睡している
はっちゃん。

初出一覧

秋葉原・珈琲アカシヤ……（猫びより 11年1月号）
三鷹・ノラや……（猫びより 11年3月号）
荻窪・ポロン亭……（猫びより 11年5月号）
江古田・たばこ はなぶさ……（猫びより 11年7月号）
浅草・ギャラリー・エフ……（猫びより 11年9月号）
森下・田中ブラシ製作所……（猫びより 11年11月号）
新宿・カフェ アルル……（猫びより 12年1月号）
高円寺・猫雑貨&ギャラリー 猫の額……（猫びより 12年3月号）
吉祥寺・カフェ&ジェラート ドナテロウズ……（猫びより 12年5月号）
赤坂・カリーニ……（猫びより 12年7月号）
浅草橋・ディスプレイ・装飾用品 丸正……（猫びより 12年9月号）
南千住・喫茶リオ……（猫びより 12年11月号）

☆本書は、『猫びより』の連載「ジオラマ猫処」を再構成したものです。
お店の情報は、取材当時のものです。

一志敦子（いっし·あつこ）

イラストレーター。松本市生まれ。武蔵工業大学建築学科卒業。

小学校低学年から猫と一緒に暮らす。

現在同居しているのは、唯我独尊な「のん」（♀12才）と

よく言えば天真爛漫、一歩間違えれば傍若無人の「なな」（♀6才）と

のんを立て、ななに教育的指導をする「ぽち」（♀推定9才）。

【イラスト掲載本】

『東京ねこまち散歩』『東京路地猫まっぷ』『東京よりみち猫MAP』

『東京みちくさ猫散歩』（すべて日本出版社）、

『ドイツ おもちゃの国の物語』『ドイツ·古城街道物語』（ともに東京書籍）、

『地球の歩き方 イスタンブールとトルコの大地』『イスタンブール 路地裏さんぽ』

（ともにダイヤモンド·ビッグ社）など。

立体図解《りったいずかい》 あの看板猫《かんばんねこ》のいるお店《みせ》

2013年4月5日　第1刷発行

著者　一志敦子

企画・編集　「猫びより」編集部（宮田玲子）

AD　山口至剛

デザイン　山口至剛デザイン室（金岡直樹・多菊佑介）

発行者　廣瀬和二

発行所　辰巳出版株式会社

〒160-0022

東京都新宿区新宿2丁目15番14号　辰巳ビル

編集部 03-5360-8097

販売部 03-5360-8064

http://www.TG-NET.co.jp

印刷　三共グラフィック株式会社

製本　株式会社セイコーバインダリー

ISBN978-4-7778-1140-3